奇妙生物
发现生物多样性之美

苗德岁 著

青岛出版集团 | 青岛出版社

图书在版编目（CIP）数据

奇妙生物：发现生物多样性之美 / 苗德岁著 . — 青岛：
青岛出版社，2023.12（2024.7重印）
ISBN 978-7-5736-1448-3

Ⅰ . ①奇… Ⅱ . ①苗… Ⅲ . ①生物多样性 – 青少年读物
Ⅳ . ① Q16-49

中国国家版本馆 CIP 数据核字（2023）第 161896 号

QIMIAO SHENGWU: FAXIAN SHENGWU DUOYANGXING ZHI MEI

书　　　名	奇妙生物：发现生物多样性之美
著　　　者	苗德岁
出 版 发 行	青岛出版社
社　　　址	青岛市海尔路 182 号（266061）
本 社 网 址	http://www.qdpub.com
总 策 划	张化新
策　　　划	连建军　魏晓曦
责 任 编 辑	宋华丽　孙悦姿
特 约 编 辑	孙东琦　施　婧
美 术 总 监	袁　堃
美 术 编 辑	李　青
印　　　刷	青岛海蓝印刷有限责任公司
出 版 日 期	2023 年 12 月第 1 版　2024 年 7 月第 2 次印刷
开　　　本	16 开（715 mm×1010 mm）
印　　　张	11
字　　　数	120 千
书　　　号	978-7-5736-1448-3
定　　　价	58.00 元

编校印装质量、盗版监督服务电话：4006532017　0532-68068050
建议陈列类别：少儿 / 科普

书中自有新天地

送给能静心读书的你

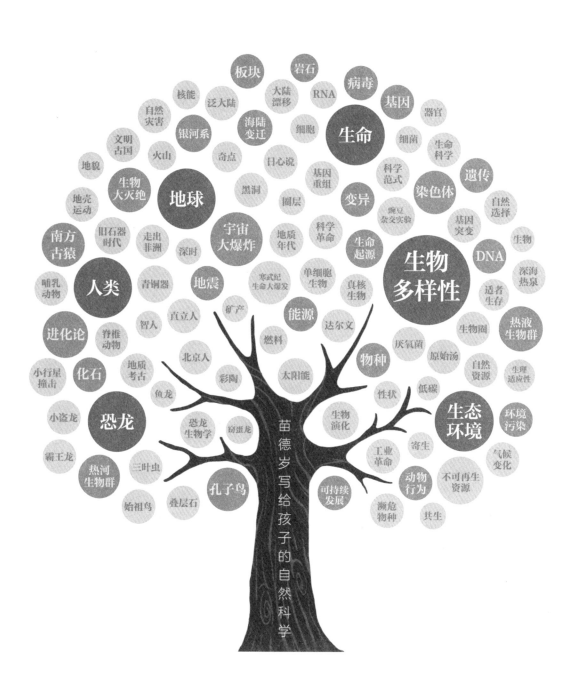

板块　岩石　病毒　基因
核能　泛大陆　大陆漂移　RNA　器官
自然灾害　银河系　海陆变迁　细胞　生命　细菌　生命科学
文明古国　火山　奇点　日心说　科学范式　染色体　遗传
地貌　生物大灭绝　黑洞　基因重组　变异　自然选择
地壳运动　地球　圈层　生命起源　基因突变　生物
南方古猿　旧石器时代　走出非洲　宇宙大爆炸　地质年代　科学革命　生物多样性　DNA　深海热泉
哺乳动物　人类　青铜器　深时　地震　寒武纪生命大爆发　单细胞生物　真核生物　适者生存　热液生物群
进化论　脊椎动物　智人　直立人　矿产　能源　达尔文　生物圈　生理适应性
小行星撞击　化石　地质考古　北京人　燃料　厌氧菌　原始汤　自然资源　环境污染
小盗龙　恐龙　鱼龙　彩陶　太阳能　物种　性状　低碳　生态环境　气候变化
霸王龙　恐龙生物学　窃蛋龙　生物演化　寄生　动物行为　不可再生资源
热河生物群　三叶虫　工业革命　共生
始祖鸟　叠层石　孔子鸟　可持续发展　濒危物种

苗德岁写给孩子的自然科学

总 序

沈树忠

中国科学院院士、地层古生物学家

　　我与苗德岁先生相识 20 多年了。2001 年，我从澳大利亚被引进中国科学院南京地质古生物研究所，就常从金玉玕院士那里听说他。金老师形容他才华横溢，中英文都很棒，很有文采。后来，我分别在与张弥曼、周忠和等多位院士的接触中对他有了更多了解，听到的多是赞赏有加，也有惋惜之意，觉得苗德岁如果在国内发展，必成中国古生物界栋梁之材。

　　2006 年到 2015 年，我担任现代古生物学和地层学国家重点实验室主任时，实验室有一本英文学术刊物《远古世界》，我是主编之一。苗德岁不仅是该刊编委，而且应邀担任英文编辑，我们之间有了更多的合作和交流。我逐渐地称他"老苗"，时常请他帮忙给我的稿子润色，因为他既懂英文，又懂古生物，特别能理解我们中国人写的古生物稿子。我很幸运认识了老苗。

老苗其实没有比我大几岁，但在我的心中，他总是像上一辈的长者，因为他的同事都是老一辈古生物学家，是我的老师们。

近年来，老苗转向了科普著作的翻译和写作，让人感觉突然变得一日千里，他的文笔、英文功底都得到了充分发挥，译作、科普著作、翻译心得等层出不穷。我印象最深的是他翻译了达尔文在1859年发表的巨著《物种起源》，感觉他对达尔文的认知已经远远超出了文字本身的含义，他对达尔文的思想和探索精神也有深刻的理解。

我从事地质工作最初并不是自己喜欢的选择。1978年，我报考了浙江燃料化工学校的化工机械专业，由于选择了志愿"服从分配"，被招生老师招到了浙江煤炭学校地质专业。当时，我回家与好朋友在一起时都不好意思提自己的专业——地质专业当年被认为是最艰苦的行业，地质队员"天当房，地当床，野菜野果当干粮"的生活方式让家长和年轻人唯恐避之不及。

中专毕业以后，我被分配到煤矿工作，通过两年的自学考取了研究生，从此真正地开始了地球科学的研究。宇宙、太阳系、地球、化石、生命演化等词汇逐步变成我的专业语汇。我一开始到了野外，对采集到的化石很好奇，还谈不上对专业的热爱，慢慢地才认识到地球科学充满了神奇。如果我们把层层叠叠的岩石露头（指岩石、地层及矿床露出地表的部分）比作一本书的话，那么岩石里面所含的化石就是书中残缺不全的文字；地质古生物学家像福尔摩斯探案一样，通过解读这些化石来破译地球生命的历史，回顾地球的过去，并预测地球的未来。

光阴似箭，转眼间 40 年过去了，我从一个学生成为一位"老者"。随着我国经济实力的增强，地球科学的研究方式也与以往不可同日而语。由于地球科学无国界，我不但跑遍了祖国的高山大川，还经常去国外开展野外工作。实际上，越是美丽的地方、没人去的原野，往往越是我们地质工作者要去的地方。

近些年来，野外的生活成了城市居民每年都在盼望的时光，他们期盼到大自然最美的地方去度假。相比而言，这样的活动却是我们地质工作者的日常工作。每逢与老同学聊天、相聚，他们都对我的工作羡慕不已。就像英国博物学家达尔文当年乘坐"贝格尔号"去南美旅行一样，过去"贵族"所从事的职业成了如今地质工作者的日常工作。

40 多年的工作经历使我深深地感受到，地球科学是最综合的科学之一，从数理化到天（文）地（理）生（物）的知识都需要了解。地球上的大陆都是在移动的，经历了分散—聚合—再分散的过程，并且与内部的物质不断地循环，火山喷发就是其中的一种方式。地球的温度、水、大气中的氧含量等都在不停地变化，地球还有不断变化的磁场保护我们。地球生命约40亿年的演化充满了曲折和灾难，有生命大爆发，也有生物大灭绝，要解开这些谜团，我们需要了解地球；而近年来随着对火星、月球的探索加强，我们更加觉得宇宙广阔无垠，除了地球，还有更多需要我们了解的东西。

我小时候能接触到的优秀科普书籍极少，因而十分羡慕现在的青少年，能够有幸阅读到像苗德岁先生这样的专家学者为他们量身打造的科普读物。苗德岁先生的专业背景、文字水平和讲故事能力，使这套书格外地与众不同。希望小读者们在学习科学知识的同时，也学习到前辈科学家孜孜不懈地追求真理的科学精神。

给少年朋友的话

苗德岁

亲爱的小伙伴们，如果你们看过自然纪录片《蓝色星球》或者电视节目《动物世界》，一定会为地球上形形色色的奇妙动物和植物感到惊叹。

不过，你们通过节目看到的生物，与地球上现今生存的数百万种不同生物相比，只是"九牛一毛"。此外，据科学家估算，尽管地球上现在生活着这么多不同的生物物种，但与过去38亿年间生存过的所有生物物种总数相比，可能只有百分之一！由此可见，地球历史上的生物多样性多么丰富。

直到30多年前，描述地球上缤纷生命现象的专业术语——"生物多样性"（biodiversity），才首次出现在出版物上，并慢慢地变成人们常见的词语。也是自那时起，研究生物多样性及濒危物种保护的科学——保护生物学（Conservation Biology）才作为一门新兴的生物学分支学科，引起公众的注意并迅速地发展起来。比如我们的国宝大熊猫，作为一种珍稀物种，不仅受到关注和保护，还扮演起友好使者的角色，逐步走出国门，入住其他国家的一些著名动物园。

现代化的城市生活让我们与大自然渐行渐远，也让我们对很多生物变得陌生与疏离。然而，作为"地球村"的一员，我们决不能对地球上的生物多样性及活生生的奇妙生物视而不见、充耳不闻。且不说"华佗无奈小虫何"，连我们肉眼看不见的一种病毒，都能连续几年把全人类折腾得不得安宁！因此，我们一定要了解它们，方能"知己知彼，百战不殆"。

在本书中，我要跟你们一道，了解地球上的生物多样性，它们的前世今生、它们的奇妙代表（化石的和现生的、你们熟悉的和不熟悉的）、它们的概况和分类、它们在时间和空间上的分布及其意义，以及一些"长生不老"的生物类型。通过这些，我们可以进一步认识生物的奇妙之处，并提高我们的保护生物学意识，珍爱和保护这些生物——亿万年生命演化的产物，以便与它们和睦相处。

目录

一 认识生物多样性

二 多样的生物如何分类

三 时间上的生物多样性

四 空间上的生物多样性

五　生物多样性的演化

附录

"蒹葭苍苍，白露为霜"，"关关雎鸠，在河之洲"，"参差荇菜，左右采之"……《诗经》里有众多描写花草树木、鸟兽虫鱼和蔬菜瓜果的诗句。《诗经》之美，不仅美在语言，而且美在诗中所描绘的古代神州大地上的种种神奇动植物，即所谓"生灵万物"。然而，文学意义上的"万物"比较含糊，它究竟包含多少生物学意义上的物种呢？对此，我们不得而知。

　　现代生物学的建立和发展，开启了我们认识生物多样性之旅。本章简要叙述了什么是生物多样性，以及地球上生物物种之多、其多样性之缤纷多彩。相形之下，《诗经》里所描绘的"生灵万物"，只不过反映了地球上生物多样性的"九牛一毛"。

一　认识生物多样性

亚马孙雨林中物种多样性带来的震撼

美国著名生态学家、科考探险家保罗·科林沃克斯说过："生命世界中真的没有任何东西比它的多样性更加奇妙了。"

对于这一点，无数生物学家深有同感，尤其是达尔文，他把生物多样性的奇妙视为令他平生产生过最崇高、庄重情感的动因。有个关于达尔文严谨治学精神的故事，颇为传神地记叙了这点。

达尔文由于在环球科考中落下了一种不明疾病，于是携一家人定居在肯特郡唐庄，深居简出，但经常会有同行好友登门拜访。在那个交通不便的年代，来自伦敦或更远地方的访客无法当日返回，常常在他家里留宿。

有一次，一位外地的生物学家同事来访，晚饭后，他们坐在会客室里闲聊。其间，当他们谈及审美与心理进化之间的关系时，客人问达尔文："您周游过世界，在什么地方的美丽风景曾一眼看到就引起了您的崇高、庄重情感？"

达尔文稍做思索，便答道："使我顷刻产生崇高、庄重情绪的地方，是当我站在南美洲安第斯山脉顶峰，环顾四周壮丽的风景，头上有白云环绕，令人心旷神怡。那是自己一生中感到大自然最为崇高和庄重的一次……"

接下来，聊天话题很快转向其他方面，客人并没有过分留意上述的讨论。由于健康原因，达尔文平日有严格的作息制度，又聊了大约一小时，他便告辞回卧室休息了。客人继续跟达尔文的儿子聊天。

大概过了午夜的光景，达尔文穿着睡衣和拖鞋突然回到会客室，跟客人说："在过去的几小时里，我躺在床上，未能入睡，便反复思考晚上跟你的谈话。刚才突然意识到，我需要慎重纠正一处错误。事实上，我因壮丽美景而立即产生那种崇高、庄重的情感，首次是在巴西热带雨林中，面对那里丰富的生物多样性，我叹为观止，并为之倾倒。很抱歉，我先前跟你说错了，我想我还是最好立即下来向你纠正，以免给你留下错误的印象。"

○ 巴西热带雨林

客人后来回忆说，这件事留给他的印象极深，因为达尔文是深更半夜专门下楼跟他说这件事的。达尔文觉得这一事实与讨论的科学假说有关，丝毫马虎不得。他一生对科学问题都是如此审慎，对任何事实及细节都特别较真儿。

上述故事让我想起达尔文在《小猎犬号航海记》中，曾生动地记述了他第一次进入巴西热带雨林所见到的生物多样性景观，以及日记中记载的他当时按捺不住的兴奋心情：

巴伊亚（Bahia），或称萨尔瓦多（Salvador），巴西，2月29日——度过了愉快的一天。但"愉快"这词太平淡，无法表达一个博物学家第一次独自在巴西森林里漫步的心情。优雅的草木、新奇的寄生植物、美丽的花朵、光亮的绿叶，尤其是整个植被的繁茂，让我叹为观止。森林之幽暗处既喧哗吵闹，又万籁无声。昆虫的噪声如此响亮，能传到几百码外岸边停泊的船上。但森林深处似乎又被一种无边的寂静统治着。对一个喜欢自然史的人来说，这样的日子带来某种更深层次的乐趣，他都不敢奢望会有第二次。转了几个小时后，我回到了登陆点，但在此之前，我被一场热带暴雨追上。我试图躲在一棵大树下，它枝叶繁茂，一般的英国雨根本淋不透；但在这里，几分钟内，一股洪流就顺树干泼下来。正是这样的暴雨，使厚厚的森林覆盖的地面也翠绿无比：在更寒冷的气候下，这样的雨到达地面之前，大部分已被吸收或蒸发。

尽管林中这场突如其来的大雨把达尔文浇得像个"落汤鸡"，却丝毫没有扑灭他心底的热情。他流连忘返，采集了许多昆虫标本。然而，昆虫实在是太多了，他像馋嘴的小朋友闯进了糖果店，什么糖果都想抓一把。

第二天，达尔文带上助手重返丛林。在助手的帮助下，达尔文的采集工作进行得非常顺利。他们只花了一天的时间，就采到了在英国从未见过的鸟类、蛙类、蜥蜴、蝙蝠、昆虫等，还有许多甲壳（qiào）类、贝类动物及植物标本。回到舰上后，达尔文挑灯夜战，整理白天采集的标本，忙碌并快乐着……

了解科学元典

1831年12月，年轻的达尔文登上英国海军勘探船小猎犬号，开始了为期5年的环球科学探险考察。在旅途中，达尔文做了大量考察笔记，采集了无数标本，孕育了20多年后震动世界的生物进化论学说。《小猎犬号航海记》既有日记的忠实性，又有游记优美的笔触，还有探险故事生动精彩的情节。

无独有偶，100多年后，英国BBC著名记者大卫·爱登堡在拍摄系列纪录片《生命的进化》时，开头几集便展示了地球上"无穷无尽的生物种类"，尤其是达尔文曾经造访过的地方。

在纪录片的旁白中，大卫·爱登堡细致地描述了地球上不同寻常的生物多样性：

发现一种未知的动物，并不是一件难事。只要你在南美洲的热带雨林中花上一天时间，把倒下的树干翻个身，或者剥开它的树皮下面，或者拨动堆在地面上的潮湿落叶，或者到了晚上往一张白色幕布上投射水银灯柱的光亮，你会发现和采集到上百种不同种类的小动物。

各种蛾子、毛毛虫、蜘蛛、象甲、萤火虫、伪装成胡蜂却"人兽无害"的蝴蝶、形似蚂蚁的胡蜂、能够行走但貌似小树枝的竹节虫、酷似树叶但展开翅膀便飞向远方的昆虫——这些花样繁多的种类，令人眼花缭乱，其中不乏科学家们以前从未描述过的新物种。

没有人能够确切地知道这里究竟有多少种动物，但这里是地球上动植物物种最丰富的地方之一，至少有40多种鹦鹉、70多种猴子、300多种蜂鸟以及上万种蝴蝶。你稍不注意的话，可能会被100多种不同的蚊子叮咬……

○ 亚马孙丛林中不同的鹦鹉

同样，被誉为"当代达尔文"的哈佛大学博物学家、蚂蚁研究专家爱德华·威尔逊，生前也曾多次赴南美洲亚马孙河流域的热带雨林考察和采集标本。他在《缤纷的生命》一书中对那里的生物多样性也有许多精彩的描述。

有一天晚上，爱德华·威尔逊走进丛林。他的头盔上有盏头灯，当他用头灯的灯光扫射地面的时候，他发现随着灯光的明灭，有些强烈的白色光点在黑暗中一闪一闪的——他意识到这些是从狼蛛的眼睛里反射回来的光点，原来这些狼蛛正在黑暗中四处寻觅昆虫为食。他

走近科学巨匠

爱德华·威尔逊是国际生物学界翘楚，是研究蚂蚁的权威科学家。《自然》杂志评价他"既是世界级的科学家，也是伟大的写作者"。

蹲下来仔细观察，发现根据大小、颜色及身上纤毛的多少，这些狼蛛可分为不同的种类。威尔逊不是研究蜘蛛的专家，对雨林中的小动物所知甚少。他意识到，恐怕得花很长的年月甚至余生去研究它们，方能鉴定出所有的种类，并知悉它们生活习性的细节。果能如此，该是多么令人满足啊！

威尔逊知道，琥珀化石里保存的狼蛛标本的研究表明：狼蛛科动物至少从距今4000万年的始新世晚期就已经出现了，如今分布在全世界，演化出众多不同的属种。而他眼前所发现的这些，只是其中的极少数属种。面对它们的多样性，他依然感到博物学家们任重道远。

那么，地球上究竟有多少生物物种呢？

海南熊蛛

狼蛛科是蜘蛛目中较大的科，全世界目前已知127属2400余种。图为海南熊蛛，是2021年发表的新物种，也是我国特有的蜘蛛种类。

生物物种知多少

对于上述问题，迄今为止，尚无人能给出确切的答案。原因很简单：地球上的生物物种太多，研究它们的专家却太少。

经过世界各国的生物分类学家一个多世纪持续不懈的努力，已被发现和描述的所有生物物种（已经有生物学双名法命名的物种）总共大约有145万。

已知的全球生物物种总数已经超过200万。其中，昆虫占"大头"，昆虫种类超过100万——占了一半多；植物物种大约45万。

然而，上面这些数字与地球上实际生存的生物物种总数相差很远。除了上面提到的研究人员不足，地球上依然有许多地方尚未被广泛考察和深入研究，而生物多样性丰富的地方往往也是标本采集与研究程度相对不足的地方。像亚马孙河流域的热带雨林、马达加斯加等大型岛屿、澳大利亚东北部及非洲大部分地区等，生物多样性异常丰富，还有许许多多未知的生物物种等待生物学家去发现和研究。这些地方通常也称为生物多样性热点地区（Biodiversity hotspots）。

此外，地表的土壤层中生活着大量微生物物种，我们对其所知甚少；海洋深处也有大量生物物种有待海洋生物学家发现和研究。如果加上另外两个生物多样性"黑洞"（细菌和寄生虫），那么，地球上实际生存的生物物种总数将会是相当惊人的！据科学家估算，寄生虫物种总数约占生物物种总数的三分之一；至于细菌的物种总数，科学家们所知甚少，其实可能多得令他们难以想象。

随着分子生物学技术的迅速进展，生物分类学家可以直接运用基因分析手段，鉴定和命名很多目前尚未认识的微生物新种。这些都将大大增加地球上人类已知的实际生存的生物物种总数，从而丰富和加深我们对地球上生物多样性的认识。

如此看来，目前在很大程度上，地球上的生物多样性研究还有一大片尚未开垦的全新领域。

"生物多样性热点地区"概念在1988年首先被英国生态学家诺曼·麦尔提出。要成为生物多样性热点地区，必须严格符合两个标准：一是至少包括1500种特有的维管束植物（占世界植物总数的0.5%），即具有不可替代性；二是原始植被的丧失率大于70%，即受到威胁。

1994年12月，联合国大会通过决议，将《生物多样性公约》生效日定为"国际生物多样性日"（也称"生物多样性国际日"）。自2001年起，"国际生物多样性日"由12月29日改为5月22日。

生物多样性重在多样

地球上的生物多样性不仅表现在生物物种的庞大数量上（物种多样性），还反映在它们的外貌特征、生长发育和能力习性（遗传多样性）以及地理分布与生态系统（生态系统多样性）等方面。

生物多样性最明显之处表现在生物个体的大小上，不同生物物种个体的大小差别之大，并且多种多样，通常是最引人注目的方面。一只虫子跟一头大象之间的差别足以令人吃惊了，然而，生活在海洋里的蓝鲸长 30 米左右，它的体积是大象的十几倍！而小虫子跟变形虫或细菌比起来，又显然是"庞然大物"了。同样，在植物界，一株蒲公英跟一棵巨杉树比起来，渺小极了。

很多人认为恐龙的个体都极其庞大，其实，不同种恐龙的大小差别很大：最小的恐龙只有一只公鸡那么大，巨型恐龙则有好几层楼高，长度相当于两三辆公交车前后接在一起。

个体大小对生物来说至关重要，它影响甚至决定了生物物种的生理机能和生活方式等方面，是生物长期演化的结果。在同一物种里，还存在个体差异，通常雄性个体大于雌性个体，同性别个体之间也存在一定的差异。单是个体大小的多样性，就令人眼花缭乱。况且，生物颜色的多样性更加缤纷，单是体形大小和颜色综合起来，就使物种在外观上显得千差万别。

生物外部形态上的差异，显著地表现在它们外形上的不同对

称性。在外形上，绝大多数生物个体表现出两侧对称或辐射对称的特点。

两侧对称是指如果在生物个体中间画一条直线，存在一个通过这条直线的切面，这一切面的左右两边互为镜像，比如蝴蝶及我们人类自身。两侧对称使动物有了前后、左右和背腹之分，引起了身体机能的分工及组织器官的分化，增强了生物的平衡和运动机能，使身体运动由不定向转变为定向。在自然界中，绝大部分无脊椎动物及所有脊椎动物都是两侧对称的动物。

辐射对称是指通过生物个体中轴的多个平面均可以把生物体分成互为镜像的两半，整个身体呈辐射状排列的结构，比如放射虫、珊瑚、水母和水螅，以及海参、海胆、海星和海百合等棘皮动物。辐射对称的动物身体只有上下之分，没有左右之分，这是一种原始的生物对称形式；其中很多在水中营固着或漂浮的生活方式。也有极少数生物个体是不对称的，比如变形虫及海绵动物等。

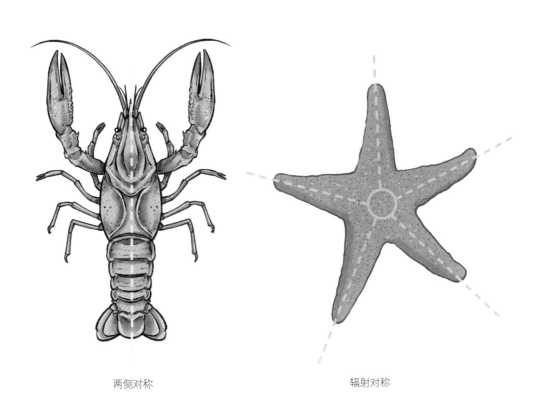

两侧对称　　　　　　　　　　　　辐射对称

○ 两侧对称与辐射对称示意图

生物体结构的多样性也花样繁多。不同动物的翅膀，同样用于飞翔，其结构是大不相同的。

比较一下蜜蜂、鸟类、蝙蝠三者翅膀的形态与结构，便可以看出它们完全不同：蜜蜂的翅膀是膜质的，迎着光线看几乎是透明的，翅面上有许多纵横交错的翅脉；而鸟类的翅膀上长满羽毛，蝙蝠的翅膀则是由皮膜构成的。它们具有相同的飞翔功能，却具有完全不同的外表形态及内部来源。

○ 蜜蜂、鸟类与蝙蝠翅膀的对比图

除了外部形态，生物体内的器官组织架构在不同物种之间也大相径庭。昆虫体内神经系统的主干位于消化系统的腹面，而在脊索动物（包括所有脊椎动物）中，其神经中枢位于身体的背面。

生物多样性也体现在生物的生理功能上。这表现在动物的运动、摄食及调节体温的方式等方面，比如动物有在天上飞的、地上跑的、水里游的，有肉食性的、植食性的、杂食性的和腐食性的，脊椎动物里有变温动物（如鱼类、两栖类、爬行类）和恒温动物（如鸟类和哺乳类），都构成了多样性。

生物多样性还体现在生物的生殖、发育方式的多样性上，比如多数动物都可以进行有性生殖，也有些是无性生殖，还有些既可以有性生殖又可以无性生殖。

在植物中，生殖方式更是五花八门：既有有性生殖，也有无性生殖；在开花植物中，既有自花受精，也有异花受精；而异花受精的传播方式更是多种多样、千奇百怪。

脊椎动物的生殖方式包括卵生、胎生及卵胎生（如一些鲨鱼、蜥蜴和蛇类的卵在母体内发育成幼体后才排出体外；它们貌似胎生，实质上是卵生，故称卵胎生）。

在胎生哺乳动物中，依据幼崽出生时成熟阶段的不同，分为有袋类和有胎盘类。前者如澳大利亚的袋鼠，幼儿出生后，在母体腹部的育儿袋里生活一段时间才能独立；后者则包括人类在内的真兽类哺乳动物。

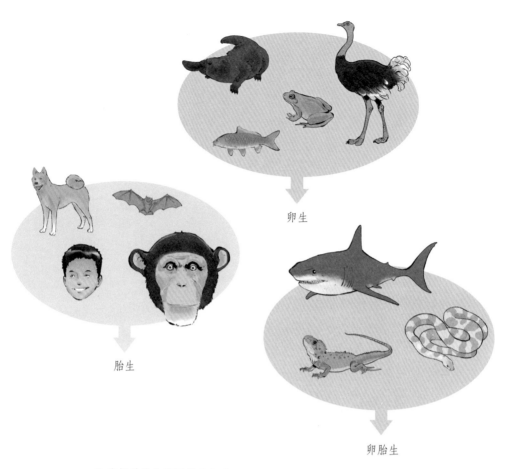

卵生

胎生

卵胎生

○ 脊椎动物的不同繁殖方式

　　许多生物在发育过程中，会经历显著的形态变化。很多无脊椎动物的幼体跟成体大不一样，在成长过程中，要经历一系列身体变化，这一过程叫作变态。

　　螳螂和蝗虫等昆虫，它们的若虫从卵中孵化后，要经过几次蜕皮才能最终变成成虫。蝴蝶和飞蛾的发育过程更有意思，毛毛虫发育完成后，成年个体完全变成了另一个模样。

　　脊椎动物中也有生长发育的变态现象，比如两栖纲的青蛙，它的幼体是小小的蝌蚪，在水中游来游去，后来才变成能在陆地上跳来蹦去的青蛙，并且成体青蛙已经没有尾巴了。不过，两栖动物中的蝾螈，在发育初期也长得像蝌蚪，但成年之后仍然保留着尾巴。

地球上的自然环境丰富多彩、千变万化，从两极到赤道，从沙漠到海洋，到处都有生物的存在，很多生物在最极端的环境中也能顽强地生存并演化出令人惊异的种种适应性特征。此外，由于大自然形成的复杂的食物链（或食物网）关系，每种生物不可能孤立存在，它们需要捕食其他生物，也会被另外一些生物所猎食。这是生物多样性的另一种表现形式，说明这一巨大的食物链（或食物网）是包罗万象、无穷无尽的，正像爱尔兰作家乔纳森·斯威夫特的诗中所写的那样：

So, naturalists observe, a flea;
因此，博物学家们观察到，跳蚤
Hath smaller fleas that on him prey;
身上被小跳蚤咬；
And these have smaller fleas to bite'em,
而这些小跳蚤又被更小的跳蚤咬，
And so proceed ad infinitum.
这将会延续到天荒地老。

——乔纳森·斯威夫特

地球上的生物多样性可谓缤纷多彩，生物的物种数不胜数，前面提到的各种估算数字，可能只占地球上实际存在的生物物种总数的 1% ～ 3%。

我在自然历史博物馆工作过 30 多年，有幸访问过世界上许多著名的自然历史博物馆。这些地方的馆藏标本都是全世界的博物学家在过去 100 多年来从全球各个角落采集到的动植物标本之大成，数量之多令人眼花缭乱、目不暇接！

然而，它们依然只代表了地球上生物多样性的沧海一粟。著名科普作家比尔·布莱森在他的畅销书《万物简史》中曾颇有说服力地分析了个中原因，简要来说包括：

1. 绝大多数生物是微生物，个头太小，很容易被忽略。你在森林中弯腰抓起一把土，里面可能有数量惊人的微生物物种，而你用肉眼却根本无法分辨；

2. 许多生物多样性热点地区位于人迹罕至的地方，能去那里考察和采集的博物学家屈指可数；

了解科学元典

《万物简史》是一部有关人类科学发展史的科普名著。作者是美国科普作家比尔·布莱森，他结合有关现代科学的发现，勾勒了自然的演化史和人们认识宇宙、探索万物的科学历程。

3. 全世界的博物学家总数太少。还有不少生物门类，只有极少数专家研究它们；

4. 世界太大，有许多地方还没有科学家考察过。

1995 年冬天，一支由英国和法国科学家组成的考察队在西藏考察途中，因暴雪迷路，走入一个偏僻的山谷中，意外地发现一种叫作"类乌齐马"的"新"马。这种马其实不算新，但此前科学家们只在史前洞穴壁画上见到过。有趣的是，当地藏民也觉得不可思议——这些外来者居然不知道这种马的存在！

因此，我们必须清醒地认识到：面对地球上的生物多样性，我们依然存在许多盲点；这本身或许并非一件坏事，它不仅激励着我们去继续探索，也会频繁地给我们带来新发现的惊喜。

当然，在认识到地球上拥有丰富生物多样性的同时，人们也认识到，我们需要一个对这些生物物种进行系统分类和组织的体系。否则，我们无法有序地处理和存储这么多信息，甚至无法做到给新的生物标本贴上合适的标签，以便放置在博物馆标本库里适当的地方。如果没有一个适当的分类系统，就如同进入一个没有分类和检索系统的巨大图书馆，人们如何能找到他们想要阅读的书？

所幸，前人已经为我们建立了一个有效的生物分类系统。在下一章，我们接着讨论科学家们是如何为多样的生物分类的。

甲虫的"聚会"

鞘翅目是昆虫纲中最大的一类，一般称甲虫，全球超过32万种，包括我们熟悉的金龟子、天牛、锹甲、独角仙等。

唐朝诗人徐凝有诗云："游客远游新过岭，每逢芳树问芳名。"可见，好奇心人皆有之；每当我们遇见一种新东西，总想先知道它的名字。同样，假如你想去书店买《奇妙生物：发现生物多样性之美》这本书，一定会到"少儿科普百科"这一类的专架去找，而不是漫无目标地满书店里到处转悠。

从前一章里，我们了解到地球上的生物物种浩如烟海，比任何一家书店或图书馆里的书多得多，因此，对它们进行科学、便捷的分类和命名，初看起来几乎是难以企及的目标。所幸200多年前，瑞典植物学家林奈发明了一套"规矩"（方法），给当时欧洲人已知的所有动植物都重新予以分类命名。他的这套"规矩"，十分科学、有效、便捷，直到今天还在被全世界的生物科学家所使用，因而，林奈也被誉为"现代生物分类学之父"。本章我们一起来了解一下当今科学家如何为多样的生物分类，如何运用林奈的命名法则给物种命名。

二　多样的生物如何分类

为什么要对生物进行分类

我们周围有形形色色的动物和植物，生物学家为了更便利地研究它们，首先要对它们进行科学的分类与命名。

生物分类学是指把生物分门别类并建立起相互之间系统关系的学科。正如前面提到的在图书馆里找书一样：图书管理员先将图书进行分类编号，按照一定的分类系统将书放置在不同的书架上，方便借阅者寻找。

逢年过节时，孩子们常常会收到很多糖果礼物。他们最开心的事通常是把收到的糖果进行分类，比如一堆是巧克力，另一堆是水果糖，还有一堆是夹心小饼干等。有些孩子会分得更细，同样是巧克力，还要分不同的品牌；同样是水果糖，还要按不同的口味依次分开。这跟生物学家对生物进行分类，没有什么本质上的不同。

分类是一件看似简单的事情，但如果要把成千上万种不同的动植物合理地分门别类，也并不容易。

两千多年前，古希腊哲学家亚里士多德曾根据"体内有没有红色的血液"这一特点，把世界上的动物分成"有血动物"和"无血动物"两大类。

人们也曾试图按照运动方式把动物分成三大类：空中飞的、地上跑的以及水里游的。这些分类方式存在很大的局限，比如企鹅究竟算是地上跑的还是水里游的呢，还闹出了把海狸和鲸等哺乳动物归入鱼类的笑话……

地球上有这么多种生物，给每一种生物起名字，跨越各种不同的语言并且尽可能避免重复，也不是一件简单的事儿！

不信的话，请看：海马、河马都不是马，鱿鱼、鲸鱼也都不是鱼。这类名称是多么容易令人迷惑啊！当然，这些都是一些动物的中文俗名。即使是每一种动物的学名，也难以避免出现重名的现象，毕竟世界上有好几百万种不同的动物，且是被不同国家的动物学家在不同时间、不同地点发现和命名的。

走近科学巨匠

亚里士多德是古希腊哲学家、自然科学家、文艺理论家。18岁时，他师从柏拉图求学。亚里士多德在物理学、心理学、生物学、历史学、修辞学等领域都做出了重要贡献，为后世学科的发展奠定了基础，开辟了方向。

因而，在不同国家甚至同一国家的不同地区，同一种动物会有完全不同的名字。老鼠和耗子是同一种动物，却有不同的叫法，类似的情形还有蟾蜍跟癞蛤蟆。

在 18 世纪，欧洲列强大肆向外扩张，各国派出探险家和博物学家到遥远的地方去考察。他们带回了在世界各地发现的奇特动植物标本，并按照个人的喜好和方法予以命名。

这样一来，在不同的命名人之间，相同的物种往往有了不同的名称，或者不同的物种却有了相同的名称。

○

举个例子。我们称为"菠萝"的水果（有些地区称为"凤梨"），英语叫 pineapple；不同的语言里有各自不同的名称。但在生物学中，它的科学名称（学名）只有一个：*Ananas comosus*；这样一来，世界各国的生物学家一看这个名字，便知道它究竟是什么了。该名称由两部分组成：前一部分 *Ananas* 是属名，开头字母大写；后一部分 *comosus* 是种加词，全部字母小写；两部分合在一起才是这一物种的全名。这种命名法由林奈发明，称作"双名法"，是目前世界通行的生物物种命名法。

林奈生物分类系统的诞生

"双名法"这一生物命名的科学方法，是瑞典科学家林奈在 1758 年出版的《自然系统》一书中提出来的。这套生物命名体系至今仍然被全世界的生物学家使用。

组成生物学名的词，通常由拉丁语与希腊语词汇组成。拉丁语是语言中的"化石标本"，希腊语也属于欧洲古老的语言文字，它们基本上不会发生词义的变化，有助于保障生物学名含义的长期稳定性。

每一种动物或植物的学名都由两部分组成：前一部分是属名，好像我们的"姓"；后一部分是种加词，也就是"名"。二者合在一起就是一个生物物种的"姓名"。

举个例子。大头飞鱼（翱翔飞鱼）的生物学全名是 *Exocoetus volitans*，前半部分是属名，后半部分是种加词。在生物学文献印刷出版时，生物的拉丁语属、种的名称要印成斜体字。请注意，翻译成中文后，一般生物物种的种加词却排在属名的前面。

林奈是瑞典博物学家，现代生物分类学的奠基人。他一生鉴定并命名了数以万计的动植物物种，确立了生物分类的双名法。他提出的生物分类方法和分类阶元的系统观念，大大促进了现代生物分类学的发展。其重要著作有《自然系统》《植物种志》等。

飞鱼

　　飞鱼的身体小巧而修长，常结群行动。它们遇到威胁时，尾鳍迅速摆动，跃出水面，并张开胸鳍滑翔。顺风时，可滑翔百米以上。

　　又如，按照林奈的"生物命名双名法"，所有家养狗的共同野生祖先——灰狼的学名为 Canis lupus。全世界的动物学家，不管住在哪里，使用什么语言，都知道它指的是什么。而北美洲有一种比灰狼体形稍小的郊狼（又称土狼或草原狼），则是属于犬属（Canis）的不同物种：Canis latrans。

　　在你的成长过程中，你会认识不少同名同姓的人。世界上有这么多种类的动物，如果不发生重名现象，反而是件怪事了！在动物命名中，曾有许多不同类型的动物被不同科学家起了完全相同的名字，甚至有的动物与植物具有完全相同的学名。

那么，当重名现象发生后，该怎么办呢？

对此，国际动物命名法规有非常严格的规定：第一个命名的享有优先权，后面使用同样名字而造成重名的，一律无效，必须改名。一般根据动物名称正式发表的时间先后，作为判定生物学名优先权的依据。

林奈的自然分类系统并不自然

林奈是坚定的"神创论"者，他坚信：大自然是造物主创造的，因而是井然有序的。林奈一生致力于为大自然建构秩序。对自然界的万物进行分类和命名，是他要实现这一目标的具体方式。他的分类旨在彰显造物主的高明，显示了世间万物所构成的一条"存在巨链"。在这条巨链上，人处于最顶端，代表造物主最高贵的杰作。

"存在巨链"由古希腊哲学家亚里士多德提出，试图说明整个生命界是一个发展与联系的自然阶梯，这被后人称为"伟大的存在之链"，其影响一直持续到今天。

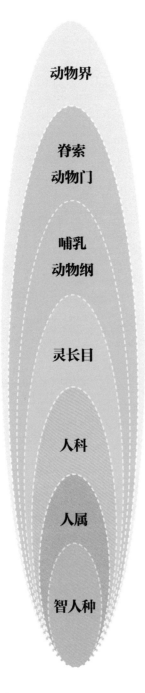

动物界

脊索
动物门

哺乳
动物纲

灵长目

人科

人属

智人种

○ 人类在自然分类系统
中的位置

林奈提出的所谓自然分类系统，试图把所有生物分门别类地建立起一系列分类顺序法则。理想的生物分类应能反映出相互间"自然"的亲缘关系，故称为"自然系统"。这种分类序列（阶元），已从林奈最初提出的门、纲、目、属、种，发展到现在的界、门、纲、目、科、属、种。整个序列是嵌套式的，类似俄罗斯套娃。我们人类在这一序列中的位置从上而下是：动物界（Animalia）、脊索动物门（Chordata）、哺乳动物纲（Mammalia）、灵长目（Primates）、人科（Hominidae）、人属（Homo）、智人种（Homo sapiens）。

"存在巨链"的思想不是林奈的发明，它的历史可以追溯到古希腊时期，并被西方一些哲学家逐步完善，成为"创世论"的佐证。这一思想认为，世上万物都是造物主按预先设计的完美蓝图，沿着一条从低等到高等的巨型长链"有序"地排列开来，每一个物种在这条巨链上都占有自己特定的位置，并且一经创造后，便不会改变。

林奈提出的体系，原本是要证明造物主所创造的生物多样性是多么井然有序。他的《自然系统》旨在支持这些传统的观点——物种不变（物种固定论）以及造物主在创世中的独特作用（"创世论"）。

1859 年出版的《物种起源》彻底颠覆了"存在巨链"的思想，达尔文用生物演化论推翻了"创世论"，带来了人类思想史和科学史上一场重大的革命。

然而，林奈创立的生物分类体系和命名法幸存了下来，这又是为什么呢？

达尔文《物种起源》里唯一的插图，即那棵分叉的"生命之树"示意图，标志着真正的自然系统学的开端。

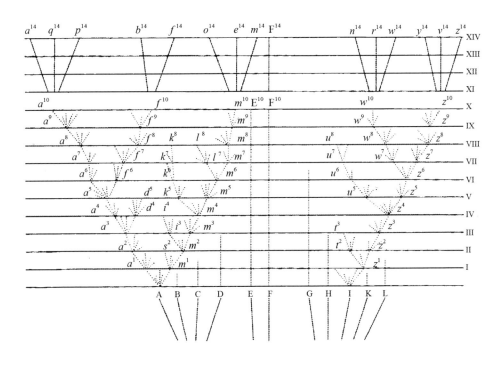

○《物种起源》里的"生命之树"图，也是原著中唯一的一张插图。

达尔文的生物演化论解释了物种之所以可以归入属、属之所以可以归入科等层层相嵌的分类系统，是因为它们在演化历史上的某一时间点上，曾有一个共同的祖先；而对共同祖先追溯得越远，其分类等级也越高。

换句话说，同一个属里所有物种有个最近的共同祖先，而同一个科、目、纲、门里的所有物种递次有越来越远的共同祖先。这才是真实反映了物种之间亲缘关系（系谱近似）的自然分类系统！这也正是生物演化论的精髓所在：地球上的生物多样性起源于远古时期一个共同祖先（"万物共祖"学说），是经过亿万年来长期的生物演化而发生的。

达尔文革命的伟大之处，在于突然间令林奈的自然分类系统的含义发生了彻底的改变——生物演化论揭示了生物演化的真实历史轨迹，使生物分类学家不再像林奈那样试图去赞美造物主计划之完美。在这个意义上，达尔文给了林奈的自然分类系统以全新的生命，从而拯救了林奈的自然分类系统框架。

不过，林奈在科学史上仍然占据重要的地位：他不仅创建了生物分类命名法，还亲自命名了4000多种动物、7000多种植物，其中包括数千种昆虫、鱼类和贝类。他以自己不懈的努力，结束了过去博物学分类命名上的乱象，为如今国际通用的现代生物分类命名体系打下了坚实的基础。

林奈的《植物种志》与《自然系统》分别成为现代植物

命名法、动物命名法的起点，被视为现代生物
分类和命名的开山之作。林奈分类命名体系的
标准化与实用性，使它在世界范围内被博物学
家们迅速采用，并一直沿用到今天。

鸟纲

两栖纲

哺乳纲

动物

鱼纲

蠕虫纲

昆虫纲

○ 林奈的动物分类"六大纲"

160 多年前，达尔文在《物种起源》里指出，生物之间的亲缘关系可以用一株大树来表示（"生命之树"），其中嫩枝、绿叶和新芽代表现存的物种，枯萎、折落的枝叶则代表先后灭绝的物种。可惜，已灭绝物种的化石在达尔文时代被发现得极少，这也是他颇为头痛的问题之一。但是，他根据生物演化论确信，已灭绝的生物物种总数大大超过了现生物种的总数。

经过达尔文以来数代古生物学家的努力，我们已经发现了许许多多灭绝生物的化石物种，证实了达尔文预见的正确性。本章简要地回顾了地球历史上的生物多样性，让我们一起来认识一些现已灭绝的奇妙生物。

三　时间上的生物多样性

发现于摩洛哥的海星与三叶虫化石

奇妙的古生物化石

现今，地球上的生物多样性是几十亿年来生物演化的结果，生物的演化构成了生命世界的奇妙画卷。古生物化石为我们提供了这一演化过程的直接证据。

如果我们会为现生的各种珍禽异兽或奇花异草感到惊奇不已，那么，这种感受与古生物学家首次发现一种新化石的惊奇比起来，实在不可同日而语。试想一下，让如今使用智能手机的青少年看一看几十年前少数人才能使用的"大哥大"移动电话——这感觉就像发现了史前生物。

地球历史上生存过的物种总数极多，无法都保存为化石，能被古生物学家发现和研究的概率也极小，所以，我们对古生物多样性的认识充其量只是管中窥豹。

在本章中，让我们从时间上（地球历史上）的生物多样性角度出发，进一步认识一些奇妙的古生物成员。当然，在古生物化石之前加上"奇妙的"这一定语，似乎有些多余——因为每一种古生物化石都是异常奇妙的，并且它们各有各的奇妙之处。

最早的古生物化石——细菌

地球上出现生命，至少可以追溯到 38 亿年以前；在代表 38 亿年前的地层中，古生物学家发现了古生物化石的迹象。

目前，已发现的最早的古生物化石都是结构极为简单的细菌化石，最常见的是生活在海洋中的单细胞蓝细菌化石。这些蓝细菌及其他微生物都是没有细胞核的简单原核生物。它们数量众多，周期性的生命活动引起的矿物沉淀和胶结作用形成了叠层状生物沉积构造的叠层石。叠层石代表了地球上最古老和最原始的微生物生态系统。

正如古尔德在《生命的壮阔》里所说的："在化石记录的早期生命形式中，全是原核生物，或者不严格地讲，都是'细菌'。事实上，生命史的一大半篇幅，都是在讲述细菌的故事……细菌数量极多，多样性极为丰富，它们一直是生命成功的典范。"他进一步指出："生命的显著特征，一直处于稳定的细菌模式，历经亿万年，亘古未变。"

走近科学巨匠

古尔德是美国演化生物学家、古生物学家、科学史学家和作家，代表作有《自达尔文以来》《熊猫的拇指》《生命的壮阔》等。他一生致力于达尔文生物演化论的研究，为其发展、普及做出了巨大贡献。

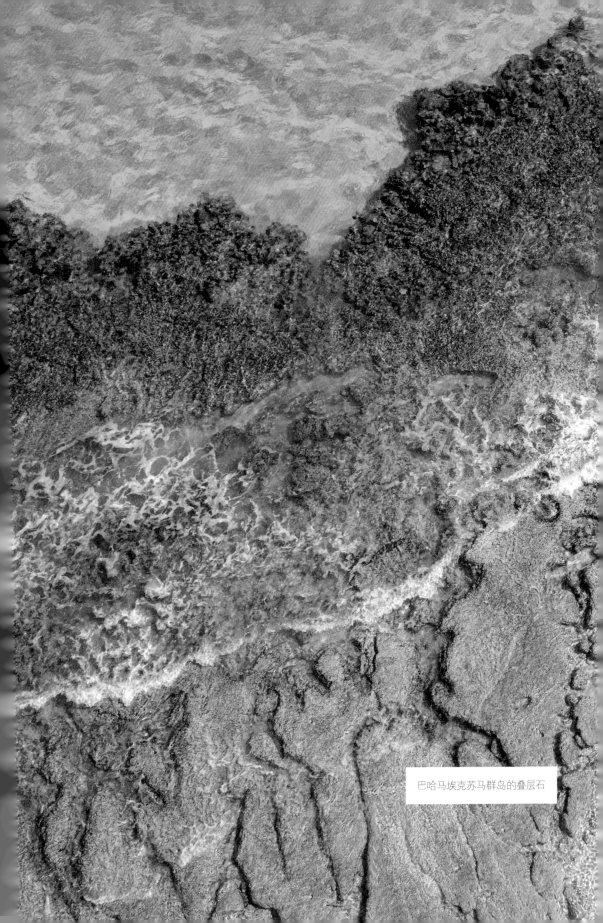

巴哈马埃克苏马群岛的叠层石

谈到细菌,很多人避之唯恐不及,认为细菌是致病的"元凶"。其实细菌并不都是"坏"的,许多细菌对我们至关重要,比如益生菌。

换句话说,虽然细菌个体极小(我们肉眼看不到),且个体存活时间很短,但是它们无处不在:它们不仅生存在我们体内及周围的环境中,甚至生存在地下的土壤层及数千米之下的岩层缝隙的溶液中。从38亿年前到现在,细菌一直遍布生命世界,因此,严格说来,地球从未走出"细菌时代"!

大约6亿年前,海洋中除了微生物及藻类,还出现了一些貌似植物或动物的生命形式(科学家至今也没搞清其中有些生物究竟是植物还是动物)。

这些生物留下来的化石通常是没有骨骼或壳体的印痕化石,又叫遗迹化石(痕迹化石)。举例来说,水母、蠕虫等动物在经过沉积物时,它们软躯体的形状印在沉积物上,后来沉积物形成泥岩或砂岩后,这些印痕就变成了遗迹化石。好比你拿一枚硬币在橡皮泥上压出痕迹,虽然橡皮泥上没有留下硬币的任何成分,却留下了硬币的模样。

古生物学家最早在澳大利亚的埃迪卡拉地区发现了许多这类化石,因而把这些化石统称为埃迪卡拉生物群。

"躺平"一族

埃迪卡拉生物群中的生物非常奇特,主要包括一些叶状体生物:它们长得像一片片叶子,叶子是"站立"在海底的,一般在根部有个圆盘似的构造。

古生物学家猜测,这种生物根部的圆盘形构造可能是固着器,使它们能够固着在海床上,并利用竖立的叶状体吸收营养。

这种叶状体生物如果是植物,可能会通过"叶片"进行光合作用,制造食物;如果是动物(如加尼亚虫),则可以通过叶状体过滤海水中的养分,就像现代固着在海底的滤食性动物(如海鳃)一样。

○ 加尼亚虫复原图

由于这些化石保存的细节有限,古生物学家目前还难以确定它们的真实身份。

在埃迪卡拉生物群中,可能已经出现了类似现代海洋动物水母的动物类型。有一种称作狄更逊水母的化石,就是古生物学家按照水母的模样进行复原的。不过,也有人对此持怀疑态度。

○ 狄更逊水母复原图

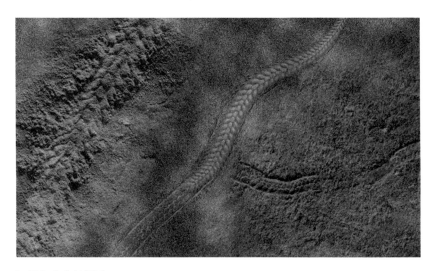

○ 蠕虫遗迹复原图

　　此外，古生物学家发现了比较确定的动物化石。有一种叫金伯拉虫的动物，在海底留下了它们移动时"拖曳"的痕迹（遗迹化石）。金伯拉虫很可能是类似蠕虫的动物，并极可能是现在绝大部分动物的祖先呢！不过，古生物学家并没有发现这些蠕虫在海床上钻洞的证据（虫管化石），估计它们的运动能力比较弱，似乎只能在海底泥沙沉积物上面缓慢地移动，不能在沉积物上面打洞。寒武纪之后的蠕虫通常是会打洞的，并往往留下很多虫管化石。科学家猜测，极有可能埃迪卡拉蠕虫没有遭遇捕食它们的天敌，因而它们不需要躲到洞穴里去。

　　到目前为止，科学家已在世界各地发现100多种不同类型的埃迪卡拉生物，都是十分奇特的生物。它们的共同特点是：均为真核（细胞中含有细胞核）多细胞复杂生物；个体较大，从几厘米到1米不等；体形奇特，大多是叶状或扁平状，直立或平躺在海底；亲缘关系不明，与寒武纪之后以及现代生物之间的差别太大，以至于古生物学家还没有弄清楚它们究竟是什么生物。

从古生物学家制作的生态复原图可以看出，埃迪卡拉生物最典型的共同生活特征是"躺平"。如果它们是动物，只需要"被动地"过滤海水中的营养，既不需要主动四处觅食，也不需要刻意防范敌人的捕食；既没有激烈的种族竞争，也不受外敌的骚扰，如同生活在"理想国"。但这样的"好日子"注定不会长久。

大约 5.4 亿年前，发生了"寒武纪生命大爆发"事件，打破了埃迪卡拉生物群平静的生活，甚至造成了它们的灭绝。

常言道"不破不立"，也许正是由于埃迪卡拉生物群的灭绝，显示出它们在生命演化史上的"躺平生活"以失败告终。它们就此退出了生物演化的大舞台，给后来者的崛起开启了方便之门……

○ 埃迪卡拉生物群海底生态复原图

距今时间 （百万年）	地质年代			延续时间 （百万年）
	代	纪	世	
— 0.01 — 2.6	新生代	第四纪	全新世	2.6
			更新世	
— 5.3 — 23		新近纪	上新世	20.4
			中新世	
— 34 — 56 — 66		古近纪	渐新世	43
			始新世	
			古新世	
— 145	中生代	白垩纪		79
— 201		侏罗纪		56
— 252		三叠纪		51
— 299	古生代	二叠纪		47
— 359		石炭纪		60
— 419		泥盆纪		60
— 444		志留纪		24
— 485		奥陶纪		42
— 541		寒武纪		56
约4600	前寒武纪			约4059

○ 地质年代表

44

奇虾非虾

让我们一起乘着时光机，回到约 5.4 亿年前的寒武纪早期，一睹生命史上最为迅速且壮观的生物演化大事件吧！

在寒武纪开始后不到 3000 万年的时间里，海洋中"突然"出现了许多新型的动物门类。像埃迪卡拉生物群那些"躺平族"销声匿迹了，取而代之的是一些身上多多少少"披甲戴盔"的动物，比如贝类、节肢动物等。这些在寒武纪初期十分繁盛且具有外壳的海洋无脊椎动物，被古生物学家称为"小壳动物群"。它们的特点是体形小巧（一般只有几毫米长），体外有"防御性"的外壳（外骨骼），说明那时的海洋里已出现了猎食者！其中最有名的，要数体形庞大、张牙舞爪的奇虾。

○ 奇虾

复眼

鳍状附肢

口器

负责捕食的前附肢

尾扇

○ 奇虾的结构

　　其实寒武纪海洋中的奇虾压根儿不是虾！奇虾体形巨大，长
达 1 米多甚至两米。它们的脑袋前下方长着一对爪子（前附肢），
每个爪子下面还有一排倒钩；位于爪子后方、头部腹面的环形结
构是它的口器（嘴巴），口器由一系列环绕的放射状骨片组成锋
利的口锥。奇虾头上有一对乒乓球大小、带柄的复眼。它们的身

体两侧各有一排桨状叶（鳍状附肢），尾部有一个漂亮的大尾扇及一对长长的尾叉，在寒武纪海洋里称得上"游泳健将"，若是追捕起猎物来，肯定不费吹灰之力。

奇虾的身形看起来跟我们熟悉的虾八竿子打不着，为什么会被称作奇虾呢？这是个十分有趣的故事。

奇虾最早发现于加拿大西部落基山脉的布尔吉斯山地区，是在一百多年前的一个夏天，由美国古生物学家沃尔科特带着家人进行地质旅行时偶然发现的。沃尔科特发现和研究的这一古生物化石群，包括许多保存精美的重要无脊椎动物化石，都是当时闻所未闻的新物种。除了奇虾，还有大量三叶虫及其他节肢动物、蠕虫类、贝类、类似海葵的腔肠动物、类似海胆和海百合的棘皮动物、海绵动物以及脊索动物等新物种。它们后来被称为"布尔吉斯生物群"，揭示了"寒武纪生命大爆发"这一生物演化史上的重大事件。

古尔德为此专门写了一本书，生动地记述了布尔吉斯生物群及其在生物演化史上的意义，书名便是《奇妙的生命》。

科学家在布尔吉斯生物群发现了约140种海洋动物，纠正了当时学界对于寒武纪只有少数硬体动物的片面认识，揭示了寒武纪生物的多样性。

也许由于奇虾的个头太大了，它的化石都保存为身体不同部位的零散"部件"化石，没有一个是完整的。好比一个外星人来到地球上，刚好见到从悬崖坠落的汽车残骸，四个轮子散落四处，不同部件也七零八落地散布在四周，他没有办法想象出完整的汽车究竟是什么模样。

同样，沃尔科特发现，奇虾的爪子（前附肢）酷似现代虾的身子和尾巴，但又很奇特，便将其命名为奇虾，而它的环形口器单独看起来颇像水母，于是将其命名为一种古怪的水母；头部的其余部分也被当成别的奇怪虫子，给予了不同的物种名称。这等于把七零八碎的奇虾当成了几种不同的动物！你可千万别以为这是由于沃尔科特的无能而闹出来的乌龙事件，因为"寒武纪生命大爆发"出现的动物实在太奇怪了，古生物学家一开始根本无法将它们跟我们熟悉的古生物及现代生物挂钩。

沃尔科特误把奇虾的爪子当成虾的身子和尾巴后，为了给它复原出完整的样子，他还想象出了一个奇虾的虾头。这一谬误直到20世纪80年代，才因中国古生物学家发现了完整的奇虾化石而得以纠正。新的奇虾化石产地位于云南省昆明市郊的帽天山，是著名的澄江生物群化石所在地。

这一化石地点是我的大学同班同学兼室友侯先光教授于1984年发现的。他和他的同事们在那里采集到了大量跟加拿大布尔吉斯生物群形态相似、时代相近的化石，并且比沃尔科特发现的化石更为完整漂亮。

〇 帽天山开拓虾化石

〇 澄江生物群复原图

○ 帽天山澄江生物群化石地点（用放大镜观察手中标本者是侯先光教授）

　　澄江生物群化石是在特殊的环境条件下保存下来的：大约 5.18 亿年前，帽天山一带是一片温暖的浅海，里面生活着许多"寒武纪生命大爆发"时涌现出来的奇奇怪怪的动物。可能有一场巨大的海洋风暴突然席卷而来，导致浅海沉积物瞬间坍塌，并将生活在这片浅海水域的生物迅速掩埋起来，包括"不可一世"的奇虾。

　　在沉积物里相对缺氧的环境下，这些古生物的软躯体没有很快腐烂，而是侥幸完整地保存下来。经过亿万年的地质作用，那些沉积物最后固结成了岩石，而埋藏在其中的古生物遗体也变成了化石，最终被地质构造运动抬升成帽天山这样的山地，并进一步被寻找化石的古生物学家意外发现。

像这样在特殊条件下形成化石的地点，又称为"特异埋藏化石库"，其中的化石栩栩如生，连生物的软躯体形态细节都被完整地保存了下来。奇虾的真实面貌终于水落石出，其身份的百年之谜也最终被揭开——原来奇虾压根儿就不是我们所熟知的虾！

如果说"奇虾非虾"的故事足够神奇，那么怪诞虫化石则更加稀奇古怪且有趣……

怪异的怪诞虫

现在，让我们翻回本书第49页，再回顾一下澄江生物群复原图。仔细看图，在奇虾的左下方，有一个外形奇怪的小动物：它的身子下面有7对细长的腿，背上生有一排（7对）同样细长强壮的棘刺（或称作触手、背刺），而身体本身像一条管状的蠕虫。它的长度不过1厘米左右，远不像奇虾那么庞大，然而它带给古生物学家的麻烦却一点儿也不小——因为它实在太怪异了！

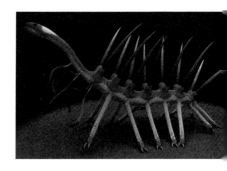

○ 怪诞虫复原图

它也是布尔吉斯生物群中的一员，由于它的外观太怪异了，因此一开始就被命名为"怪诞虫"。

有趣的是，最开始，古生物学家把怪诞虫的背腹弄反了——把背上的棘刺当作腿，把腿当成了背刺！更搞笑的是，怪诞虫的头尾一开始也被弄反了：古生物学家一开始认为是"球状头"的构造，后来发现其实是从肠道内挤出来的内脏，从尾部露了出来，成为化石的一部分。

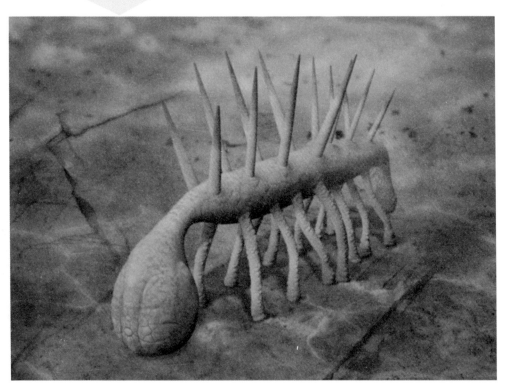

○ 怪诞虫复原图及化石（左上）

后来的古生物学家在原先认为是长尾的一端，发现了长着一对单眼（不是像奇虾那样的复眼）的头部。这一切之所以在今天得到了纠正，又要归功于中国古生物学家在澄江生物群中发现了保存更加完好（清晰完整）的怪诞虫标本。这下，我们认识了怪诞虫的怪异之处。

从奇虾和怪诞虫这两种寒武纪"奇"和"怪"的动物身上，古生物学家了解到许多有趣的生物演化现象。

首先，这些动物像埃迪卡拉生物一样，依然在进行着各种形态结构、生活习性及生态适应性方面的"实验"，演化出这些奇异的生命形式。

其次，与埃迪卡拉生物不同，这些生物不再是被动的"躺平族"，而是积极的猎食者，它们以同时代海洋中的其他浮游生物甚至有壳类动物为食。尤其是奇虾，成为当时海洋中的顶级猎食者，处于食物链的最顶层。它们的繁盛得益于迅捷的行动（快速游泳或行走）、身上的"武器装备"（比如奇虾的前附肢以及怪诞虫的背刺或触手）、敏锐的视力（两者都生有眼睛）等。

单眼比复眼简单，只能感受光的强弱，不能见物，见于许多无脊椎动物。而复眼由一些小眼组成，能感受物体的形状、大小，能辨别颜色。

最后，上述这些特征也显示出，在"寒武纪生命大爆发"之后，海洋生态环境变得愈加复杂了，生物之间已经有了比较复杂的食物链关系。就这样，猎食者与被猎食者开始了此消彼长的"军备竞赛"，即展开了"道高一尺，魔高一丈"的竞争演化。这种物种之间的生存斗争，加速了以自然选择为主要机制的达尔文式演化。它呈现出过去20多亿年的生命史上前所未有的激烈程度，标志着一场深刻的革命。

从"寒武纪生命大爆发"开始，生物演化的速度越来越快，与此前20多亿年漫长时间里缓慢的生物演化相比，在此后的5亿多年里，地球上演化出了目前我们看到的五彩缤纷的生物多样性。这一切都始于"寒武纪生命大爆发"事件以及奇虾和怪诞虫等奇异生物的出现。这是生命史上一场多么伟大的变革呀！

寒武纪海洋里的"明星"——三叶虫

如果说奇虾和怪诞虫是寒武纪不同凡响的"主儿"，那么寒武纪生物中真正的明星，肯定非"人人皆知"的三叶虫莫属。

　　三叶虫之所以如此出名，主要有以下几个因素：

　　首先，三叶虫的出名，在于其种类和数量非常多。三叶虫属于节肢动物，是节肢动物最早的类群，而节肢动物堪称地球上最成功的无脊椎动物。现今我们熟悉的虾、蟹、蜘蛛及各种昆虫都属于节肢动物。就像现今地球上的昆虫一样，三叶虫在整个古生代都十分繁盛，目前已知的三叶虫化石物种有很多，是当时地球生态系统的重要组成部分。三叶虫最早出现在大约5.4亿年前的寒武纪海洋里，前后延续了近3亿年之久，直到二叠纪末的生物大灭绝发生，才最终走向灭绝。三叶虫化石无论在种类上还是数量上，都是寒武纪时期最多的，因此，寒武纪又被称为"三叶虫时代"。

○ 三叶虫化石

　　其次，三叶虫的出名，还在于其地理分布特别广。三叶虫生活在地球上分布广泛的海洋里，因此，它们的化石也在全世界范围内广泛分布：从西伯利亚到摩洛哥，从加拿大到澳大利亚，到处都留下了它们的化石。它们分布广泛，十分有利于古生物学家进行全球性的地层划分和对比研究；同时，不少三叶虫的物种具有鲜明的地方性特色，对划分当时的海域分区、重建古生物地理分布有重要意义。因而，三叶虫是重要的化石门类之一，也是研究比较深入的古生物类群之一。

再次，三叶虫的出名，还在于其身体结构十分奇特。三叶虫的身体从纵横两个方向都可以分成三部分（三叶）：在纵向上，从头至尾可以分为头部、胸部和尾部，或称为头甲、胸甲和尾甲；在横向上，可以分为中轴及其两边的左右侧叶（肋部）部分。因而，"三叶虫"这个名称委实恰如其分。

三叶虫的背壳构造比较复杂，也颇具特色。

它的头部中央有一个隆起的部分，称作"头鞍"——这或许是三叶虫的脑部所在的位置。头鞍表面有的很光滑，有的装饰着瘤斑或横沟（"头鞍沟"）。头鞍两侧称为颊部，上面长着眼睛。沿着眼睛的前后有一条沟，称为"面线"，三叶虫在成长过程中便是从此处"金蝉脱壳"的。头部腹面的前端有一对分节的触须，既是行动器官，又是感觉器官。触须的后面是摄食的口，通常盖着"唇瓣"。口两侧有许多细小而分节的附肢，上面生有细密的纤毛。附肢不仅是行动器官，而且兼有呼吸功能。

三叶虫的胸部分成两节到十几节不等。各节之间呈覆瓦状相互关联，像屋顶的瓦片一样，一片叠覆在另一片上，便于卷曲活动。三叶虫的腹面两侧也有许多分节附肢，附肢上也生有纤毛，因此跟头部腹面两侧的附肢一样，也兼具行动与呼吸的双重功能。

三叶虫的尾部跟胸部一样，横向分为中轴及其两侧的肋部，末端通常由若干体节合起来，形成尾甲。三叶虫尾甲形

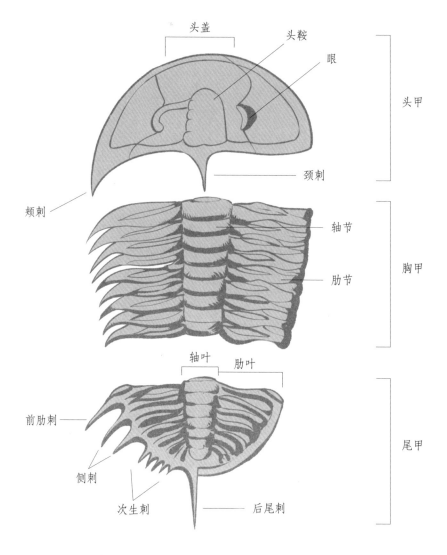

头盖   头鞍   眼   头甲   颈刺   颊刺   轴节   胸甲   肋节   轴叶   肋叶   前肋刺   尾甲   侧刺   次生刺   后尾刺

○ 三叶虫结构示意图

态的花样很多，有的边缘生有数目不等、形状各异的尾刺，有的
则不带刺。

三叶虫的生活习性多种多样。化石中最多的一类保存在石灰
岩或页岩中，可见当时它们大多生活在温暖的浅海海底，有些可

能靠着附肢摆动，稍微能游泳，或者缓慢地游移在泥沙上，有些可能随波逐流。不过，大多数三叶虫的复原图显示，它们经常平卧在海底，可能行动迟缓，说明它们不太主动攻击其他生物，主要靠其他海洋生物的尸体为食，或许也吃些藻类或小型原生动物、蠕虫等。

寒武纪是三叶虫十分兴盛的时代，在寒武纪的海洋里，尤其是浅海区，恐怕到处都是三叶虫。

三叶虫在生长过程中，需要不断地脱壳，因而地层中保存的三叶虫化石格外丰富。最初兴盛的三叶虫是莱得利基虫，它们奠定了三叶虫的基本身体结构，头部集中了三叶虫的复眼和由第一对附肢演化的触角。

在寒武纪的海洋里，眼睛是相当先进的感觉器官，无论是奇虾那样的捕食者，还是三叶虫这样的非主动捕食者，有了眼睛这一视觉器官，便有了无与伦比的优势。

莱得利基虫的全身都有坚硬的甲壳，使自己得到了很好的保护；它们的胸部分成数个体节，在保证自身强度的同时，还能够较为灵活地运动。

半个世纪前，我在江苏徐州的早寒武世地层中，采集到我的第一块古生物化石，正是莱得利基虫化石，兴奋的心情至今难忘。

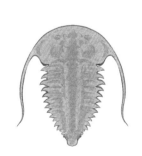

○ 蝙蝠虫

寒武纪末期有一种三叶虫，在中国很有名气，并且早在300多年前的明朝末年，就被中国古人发现了。发现者是一位叫张延登的乡绅，他在山东泰安一个叫大汶口的地方，发现了当地的石灰岩石板中含有像蝙蝠一样的"怪物"，于是起名为"蝙蝠石"。这一故事曾记载在清朝学者王士禛的《池北偶谈》一书中，说的是明末的一位山东乡绅张延登曾在石板上发现了一只蝙蝠和一条蚕。

直到20世纪初期，中国古生物学家经过研究后，才把这件事弄了个水落石出。原来，所谓"蝙蝠"其实是一种寒武纪三叶虫的尾部化石（尾甲），形状像展开翅膀的蝙蝠，但其实跟蝙蝠一点儿关系也没有。那条所谓的"蚕"，则是三叶虫的中轴部分，虽然外形像一条蚕，但并不是"吐丝"的蚕，而是古代三叶虫中轴体节的碎片。

不过，这种三叶虫的中文名称后来依然被称作"蝙蝠虫"（当地人也称这种化石为"燕子石"），以此纪念中国古人这一有趣的发现。历史悠久的《中国古生物志》封面上就设计了蝙蝠虫的蝙蝠状尾甲图案。

寒武纪海洋里的脊椎动物

对于人类自身来说，寒武纪海洋中首次出现脊椎动物，是意义更重要的演化大事件——因为我们的直接祖先可以追溯到它们身上。

什么是脊椎动物？如果你摸摸自己的后背，会发现中间有一条从上到下的脊柱（脊梁骨），它由一串单个的脊椎骨组成。在我们熟悉的哺乳动物（如猫、狗）的背上，也可以摸到这条脊柱。同样，其他的四足动物（如青蛙等两栖类、鳄鱼和蛇等爬行类、鸟类）的动物背部中轴也都有一条从前到后的脊柱。当你吃鱼的时候，盘中最后剩下的通常是一头一尾及中间一条长长的"刺"。细看一下这条长长的"刺"，可以发现，它其实也是由一串单个脊椎骨组成的脊柱，每个脊椎骨的两侧各有一根弯曲的长刺（相当于我们身上的肋骨）。因而，从鱼到人，所有上述动物都属于脊椎动物。

那么，脊椎动物是从哪里来的呢？仔细观察一块脊椎骨（无论是哺乳动物身上的还是鱼身上的），你会发现，脊椎骨上方的中间有一个圆孔，一条神经管连接起脑部和尾部，像树干分出枝杈一样，将我们的神经系统分布到身体的各个部位。在神经管的腹面，有一条富有弹性的细长而坚韧的棒状结构，称为脊索，从头部到尾部贯穿全身。

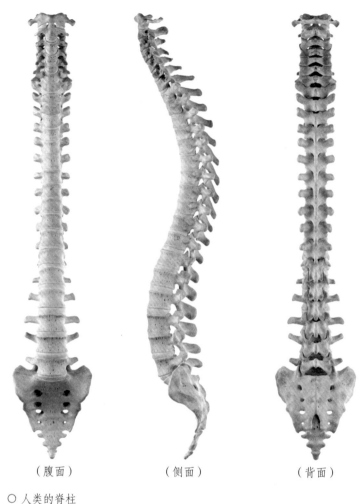

（腹面）　　　　　（侧面）　　　　　（背面）

○ 人类的脊柱

脊索相当于一条支撑身体的"主干"，在发育过程中最终被脊柱取代。脊索是脊柱的前身，故所有的脊椎动物都属于脊索动物。

脊索动物化石最早是在前文提到的加拿大落基山的布尔吉斯生物群中发现的，名叫"皮卡虫"（或"皮卡鱼"）。其实，它既不是一条虫，也不是一条鱼，而是古老的脊索动物。

○ 皮卡虫复原图

　　皮卡虫的外表很像现代的文昌鱼，只是头上多出一对像触角一样的构造。两者都属于脊索动物，它们都有鱼形的身体，并且能够游泳，但还没有明显分化的脑以及眼睛、鼻子和耳朵等感觉器官，也没有脊椎骨，因此不是真正意义上的鱼。

　　不过，皮卡虫的体侧已经有了脊椎动物典型的 V 形肌肉结构（"之"字形肌节），并且具有神经索、脊索和血管系统，代表了从无脊椎动物向脊椎动物演化的过渡类型。现代的文昌鱼被称作脊椎动物祖先的"活化石"，而皮卡虫无疑是所有脊椎动物（包括人类在内）的祖先。

○ 文昌鱼

20 世纪末，中国古生物学家报道了在云南省昆明市附近的寒武纪澄江生物群中发现的地球上最早的鱼化石（距今约5.3 亿年）——昆明鱼和海口鱼。

它们大约 3 厘米长（跟皮卡虫差不多），身体为鱼形，有了头的分化，具有眼睛、鼻囊、耳囊等感觉器官，体侧保存了前端的鳃囊构造（昆明鱼具有 5～6 个鳃裂，海口鱼则有 6～9 个鳃裂）以及其后的"之"字形肌节。

此外，它们还有类似现代七鳃鳗的脊椎骨。昆明鱼和海口鱼像现代七鳃鳗和盲鳗一样，口如吸盘，没有上下颌，因而属于无颌类脊椎动物。

○ 海口鱼化石

○ 七鳃鳗

对于生物演化来说，寒武纪早期无疑是地球生物演化历史上最重要的时期。"寒武纪生命大爆发"见证了地球上骤然出现的生物多样性：地球上氧气增加，使众多新的生物类型迅速涌现，虽然三叶虫等曾盛极一时的生物类群后来灭绝了，但是许多类群逐渐演化出今天我们熟悉的各种生物，比如环节动物、软体动物、节肢动物、棘皮动物等。当然，最重要的是，包括我们人类在内的所有脊椎动物，都是从寒武纪的原始脊索动物演化而来的。

尽管生命的起源可以追溯到40多亿年前，但生物演化史上最伟大的革命出现在5.3亿年前的寒武纪早期——它具有里程碑式的意义！

脊椎骨的出现，使脊椎动物的身体既坚强又灵活，在生存斗争中迅速登上自然界食物链的顶端，成为地球上最强盛的生物类群。而这一切都源于曾经毫不起眼的皮卡虫、昆明鱼和海口鱼。瞧，生物演化是何等神奇啊！

"鱼类的时代"

事实上，从 5.3 亿年前的寒武纪早期出现"貌不惊人"的皮卡虫、昆明鱼和海口鱼开始，在其后大约一亿年的时间内，海洋中便演化出了千奇百怪的鱼类，包括无颌的甲胄鱼类、有颌的盾皮鱼类、棘鱼类、软骨鱼类和硬骨鱼类。因此，人们一般把志留纪和泥盆纪称为"鱼类的时代"。

甲胄鱼类和盾皮鱼类都是"披甲戴盔"、长相古怪的原始鱼类，跟我们熟悉的现生鱼类外表大不相同。这一时期古鱼类的丰富多样性，以我国云贵高原中部的云南省曲靖地区发现的西屯动物群最具代表性。

○ 西屯动物群生态复原图

曲靖四周群山环绕，城外的翠峰山和寥廓山等地不仅风景优美，而且岩层中保存了许多精美的古鱼类化石。在4亿多年前，那一带是位于赤道附近的滨海和浅海环境，拥有充足的阳光、清澈见底的海水以及丰富的食物资源，因而成了早期鱼类得天独厚的栖息和繁衍之地。

如今，埋藏在岩层中的古鱼化石，不仅为我们展示了早期鱼类的丰富多样性，而且为我们打开了一窥早期脊椎动物演化及陆生四足动物起源的窗口。

在现代鱼类中，不同鱼类的大小和外貌差别很大，比如一条银鱼与一条大白鲨之间有天壤之别。在古鱼类中同样如此：很多盾皮鱼类一般只有几十厘米长，最小的仅几厘米长；但是，科学家在北美洲发现了一种"巨无霸"盾皮鱼类，名叫"邓氏鱼"，长10米左右，体重5吨左右，咬合力惊人。

邓氏鱼的头部覆盖着坚硬无比的骨质甲片，上下颌生有像刀刃一样尖利的骨质齿板（不是真正的牙齿），是当时海洋中的顶级猎食者，拥有异常旺盛的食欲，连鲨鱼也常常沦为它们的口中餐！难怪在一开始的时候，人们形象地把它们称作恐鱼（意为"恐怖的鱼"），因为它们很容易让人们联想起恐龙，尤其是不可一世的霸王龙。

○ 邓氏鱼复原图

我们的鱼类祖先

大多数人都知道，人类是从类人猿演化而来的，但现在的类人猿不可能再演化成人类了，人类的祖先是很早以前从现今已经灭绝的非洲古猿演化而来的。

那么，你听说过"从鱼到人"的演化历程吗？可以说，人类是从鱼类逐渐演化而来的。我们的鱼类祖先到底是什么样子，也需要从几亿年前的古鱼类化石中去寻找。

我们在上一节中谈到，泥盆纪海洋里生活着形形色色的鱼类。其中，硬骨鱼类可分为两支：一支称作肉鳍鱼类，它们以具有"肉质的鳍"而得名；另一支是辐鳍鱼类，我们熟悉的现生硬骨鱼类大多是辐鳍鱼。辐鳍鱼类的鱼鳍里面没有很粗的骨头，是由辐射状的细鳍条支撑身体的。

　　肉鳍鱼类的现生种类包括我们熟悉的肺鱼类，主要分布在非洲、南美洲及大洋洲。肺鱼，顾名思义，就是有"肺"——其实是一种形态特殊的鳔，能够呼吸空气。肉鳍鱼类除了具有能够呼吸空气的肺状器官，还具有强有力的肉鳍，并且胸鳍与腹鳍内近端骨头的排列与现代四足动物的四肢基本结构类似。

○ 泥盆纪海洋世界

此外，肉鳍鱼类具备良好的感觉器官，一旦脱离了水域，不至于失明、失聪。换句话说，肉鳍鱼类已经具备了水陆两栖的身体结构，即便离开水域，也能在陆地上生存。在进化生物学上，这一情形称作"预适应"。

古生物学家在 3.85 亿年前至 3.75 亿年前的泥盆纪地层中，发现了一系列肉鳍鱼类化石，包括真掌鳍鱼、潘氏鱼和提塔利克鱼化石。

这些"进步"的肉鳍鱼类偶然爬上陆地，演化出了类似娃娃鱼的有尾两栖类。尤其是提塔利克鱼兼有鱼类和两栖类的特征：它长着鱼鳍和鱼鳞，但组成胸鳍的内骨骼（支鳍骨）与原始四足动物的前肢相似；它的头部扁平，颇像原始两栖类及现生

提塔利克鱼化石和复原模型（现藏于美国芝加哥菲尔德自然历史博物馆）

鳄鱼；它的上下颌长有锋利的牙齿，应为一种肉食性动物。

在发现提塔利克鱼化石之前，古生物学家早已发现了真掌鳍鱼及鱼石螈的化石。真掌鳍鱼是生活在约 3.85 亿年前的一种肉鳍鱼类，鱼石螈则是已知最早（距今约 3.65 亿年）主要生活在陆地上的四足两栖动物（发现于格陵兰）。

过去，古生物学家认为，鱼石螈很可能是从真掌鳍鱼演化而来的，但一直没有找到两者之间过渡类型的化石。而大约 3.75 亿年前的提塔利克鱼，既有鱼类的特征，也有四足动物的特征，无论是形态上还是时代上，恰好介于真掌鳍鱼和鱼石螈之间。

目前，古生物学家一般认为，提塔利克鱼正是代表了鱼类向两栖类演化的过渡类型（"缺失环节"）。

由于后来从两栖动物中演化出了爬行动物，从似哺乳类爬行动物中又演化出了哺乳动物，哺乳动物中的古猿演化出了人类，因此，从这个意义上可以说，肉鳍鱼类是人类的祖先，或者说，人类是从鱼类演化而来的。

走近科学巨匠

提塔利克鱼的发现者是尼尔·舒宾，发现地点是在加拿大北部的埃尔斯米尔岛附近。尼尔·舒宾是美国古生物学家、演化生物学家，著有《解码 40 亿年生命史》等。

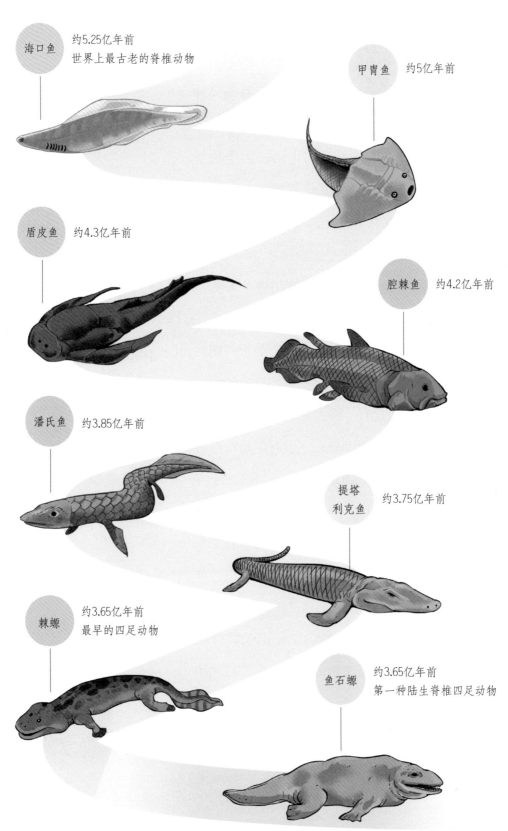

海口鱼 约5.25亿年前
世界上最古老的脊椎动物

甲胄鱼 约5亿年前

盾皮鱼 约4.3亿年前

腔棘鱼 约4.2亿年前

潘氏鱼 约3.85亿年前

提塔利克鱼 约3.75亿年前

棘螈 约3.65亿年前
最早的四足动物

鱼石螈 约3.65亿年前
第一种陆生脊椎四足动物

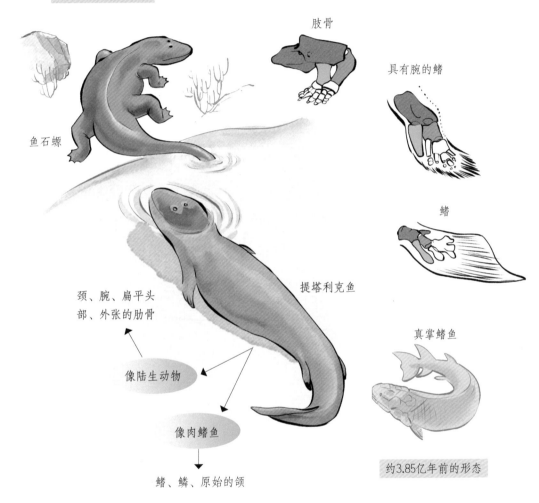

约3.6亿年前的形态

肢骨

具有腕的鳍

鱼石螈

颈、腕、扁平头
部、外张的肋骨

像陆生动物

提塔利克鱼

鳍

真掌鳍鱼

像肉鳍鱼

约3.85亿年前的形态

鳍、鳞、原始的颌

○ 脊椎动物从水生到陆生演化示意图

鱼儿为什么要登陆

俗话说："人往高处走，水往低处流。""鱼儿离不开水，瓜儿离不开秧。"肉鳍鱼类本来好端端地生活在海洋里，为什么要往陆地上爬呢？

我们知道，自然选择迫使所有生物在本质上都是避害趋利的。传统理论对于肉鳍鱼类登陆的原因，主要用"避害"来解释：在三四亿年前，地球上发生了剧烈的地壳运动，大片近岸海域被抬升为陆地，进而变成一些较小的湖泊。随地壳运动而发生的气候变化，使这些湖泊日渐干涸、萎缩，生活在其中的肉鳍鱼类也遭遇了缺氧及食物短缺。为了"避害"，它们需要上岸寻找新的生活环境。

新的假说则强调肉鳍鱼类的登陆乃"趋利"使然：大约4.5亿年前，陆地上开始出现简单的植物（如类似苔藓的植物）。陆地上一旦有了植物，不仅会改变大气成分和地球环境，也为动物在陆地上生存创造了条件。因而，陆地植物出现不久，动物也随之而来。最早的陆地动物主要是蜈蚣、马陆、蝎子和蜘蛛之类的节肢动物。

到了泥盆纪，陆地植物变得更加复杂，出现了由木贼（巨型马尾草）与桫椤树（木本蕨类植物）等组成的第一片森林。

随着陆生植物和无脊椎动物的迅速发展，湖岸边和陆地

木贼   桫椤

○ 早期陆地植物景观

上出现了丰富的食物资源，"趋利"的肉鳍鱼类爬上岸去探索崭新的生态机遇，便是顺理成章的事了。

自此以后，陆地生态系统也逐步建立起来。当然，上述新旧两种假说并不是相互排斥的，二者其实是互补的。

"从鱼到人"的研究新突破

中国科学院院士朱敏及其团队在志留纪早期地层中发现了大量特异埋藏保存的完整志留纪早期鱼类化石，研究成果填补了"从鱼到人"演化史上缺失的最初始环节。图为朱敏团队最新发现的 5 种志留纪古鱼新属种的艺术复原图，刊登于 2022 年 9 月英国《自然》（Nature）杂志。

陆地生态系统的生物多样性

地球上陆地生态系统建立起来后，陆地上的生物多样性有了爆发式的增长：原来的不毛之地变成了动植物的天下。

尤其到了大约 3.6 亿年前的石炭纪，地球上的气候变得温暖湿润，陆地面积逐渐增加，滨海河湖地区沼泽遍布，陆生生物得到了空前的发展。在泥盆纪晚期刚出现不久的两栖动物，此时得以在沼泽及其周边的水陆之间"左右逢源"。加上昆虫类极为繁盛，蜻蜓、蟑螂及甲虫类的个体都硕大无比，为两栖类提供了异常丰富的食物资源，使其经历了一次"适应性辐射"。因此，古生物学家又把石炭纪称为"两栖动物的时代"。

跟现代的青蛙、蟾蜍、娃娃鱼等两栖类动物相比，那时的两栖类大多是身上有鳞片、头部有"头盔"的"庞然大物"。其中很多是肉食性的猎食者，它们不仅吃昆虫及其他无脊椎动物，也吃鱼类及其他个头儿较小的两栖类，甚至还吃早期小型爬行动物！

值得强调的是，在大约 3 亿年前的石炭纪晚期，从两栖类演化出了爬行动物——这也是发生在石炭纪最重要的脊椎动物演化事件。已知最早的爬行动物化石体长仅 20 厘米左右，很像现生的蜥蜴。

石炭纪也是地球历史上重要的成煤时期之一。在石炭纪森林中，既有高大的乔木，也有茂密的灌木，灌木中以蕨类植物最为丰富。早期裸子植物也在这时候出现了。除了裸子植物，后来还出现了现今我们熟悉的被子植物。

○ 裸子植物

胚珠在受精后发育为种子，种子没有果皮包被，裸露在外，比如松柏类。

○ 被子植物

胚珠包在子房内，由子房发育成果实，种子有果皮包被，如桃树等大部分常见的开花植物。

二叠纪最重要的脊椎动物演化事件是盘龙类的出现，盘龙类是一类原始的似哺乳类爬行动物。似哺乳类爬行动物中的一支，后来演化出了包括人类在内的所有哺乳动物。另外一些爬行动物进入中生代之后演化出了恐龙，而恐龙在中生代得到空前发展，变成了陆地生态系统的主宰。

　　距今6600万年以来的新生代是显生宙的第三个地质时代，包括古近纪、新近纪和第四纪，传统上又称为"哺乳动物的时代"。实际上，新生代陆地生态系统的生物多样性呈现出哺乳动物、鸟类及被子植物"三足鼎立"的局面。

　　首先，在新生代开始的古近纪期间，曾在白垩纪末遭受重创的被子植物在温暖湿润的新气候环境条件下迅速发展。

　　我们知道，花会招蜂引蝶，繁茂的开花植物吸引着大批传粉昆虫。中生代出现的真兽类哺乳动物大多是食虫类，即以昆虫为食的小动物，是现生鼩鼱、刺猬等动物的祖先。这些小动物大多逃过了白垩纪末的大劫难，进入新生代古近纪之后，得益于这么多美味的昆虫，便大量发展起来。

○ 鼩鼱长得像老鼠，但二者没有任何关系，它们是最早的有胎盘类动物。

同时，被子植物的果实也为松鼠、老鼠等啮齿动物及猴子等灵长类动物提供了丰富的食物来源。有了这么多食虫类与啮齿类小动物，狼一类的小型肉食性动物就不愁吃喝了。

　　在古近纪期间，由于没有恐龙类及其他爬行类动物与其竞争，这些有胎盘类哺乳动物很快扩展到多个适宜的生态环境中，各显神通，大展宏图。

○ 黑背豺（也叫"黑背胡狼"，属于真兽类）

陆生脊椎动物重返海洋

　　根据达尔文的自然选择学说，所有的生物在本质上都是机会主义者。

　　前文我们谈到，一些水生生物克服重重困难，脱离了水环境，逐步适应了陆地生活，拓展了生存空间，并迅速建立起生物多样性极为丰富的陆地生态系统。

　　经历了二叠纪末的生物大灭绝事件以及紧接其后的海洋生物大复苏、大辐射后，海洋世界又变得热闹起来。此时陆地上气温升高，一部分陆生爬行动物重返它们祖先的故乡——海洋。其中最有名、种类极为丰富、一度成为海洋霸主的海生爬行动物有三大类：鱼龙类、蛇颈龙类及沧龙类。沧龙类曾是晚中生代海洋中体形最大、攻击性最强的顶级猎食者，连鲨鱼都常常沦为它们的腹中餐。

　　然而，上述三类重返海洋的爬行动物，在白垩纪末遭遇了灭顶之灾。进入早新生代后，随着鱼龙类、蛇颈龙类及沧龙类等巨型肉食性爬行动物的消失，浩瀚的大海又腾出了空间；海洋中有大量真骨鱼类及浮游生物等丰盛的食物资源，吸引了一些陆生哺乳动物重返海洋。其中最出名的要数鲸类。

　　20世纪70年代，美国古生物学家菲利普·金格里奇等人在巴基斯坦境内发现了大约5000万年前的巴基鲸化石，这证明了鲸类的祖先巴基鲸起源于陆生偶蹄类。这一原始的鲸与河马类似，是水陆两栖的哺乳动物。

　　巴基鲸化石是化石记录提供的又一个有力的证据，支持生物演化论的"缺失环节"。这一化石证据还得到了分子生物学证据的支持。鲸类在新生代海洋中演化出不同的类群，其中现生的蓝鲸体长达 30 米，重达 200 吨，是目前地球上最大的动物。

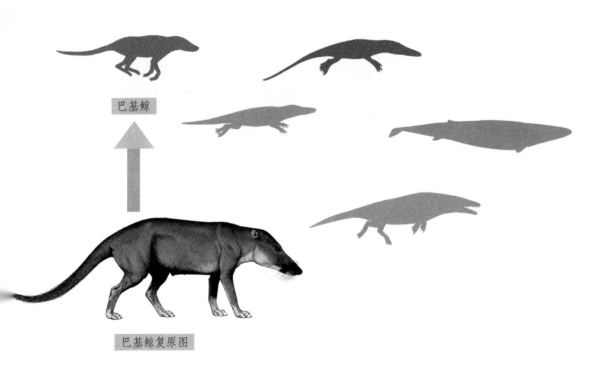

巴基鲸

巴基鲸复原图

○ 巴基鲸与不同地质时期的古鲸

新生代陆地生物多样性

值得指出的是，古近纪期间，被子植物演化的最重要事件是草的出现。随着大片草原的出现，马、貘、犀牛及鹿类等食草的有蹄类哺乳动物也迅速发展起来。它们又为狮、虎、豹等大型肉食性动物带来了"口福"，使后者得以迅速崛起。

这期间的有蹄类物种多样性非常丰富，光是马类，从最早生有四个脚趾的始祖马到三趾马，直到演化成单只蹄子（中趾）的上新马与真马，就有多个品种。

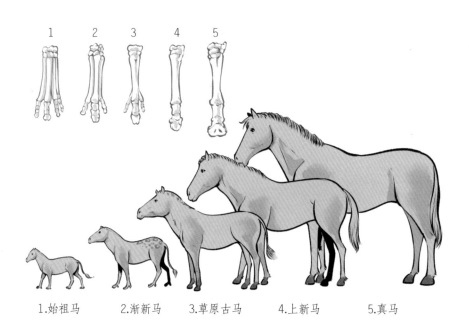

1.始祖马　　2.渐新马　　3.草原古马　　4.上新马　　5.真马

○ 马类的脚趾演化

犀牛的种类也非常多，其中巨犀站立时肩高达 5 米，重达 24 吨，比现生犀牛大得多。还有一些有蹄类早就灭绝了，只有化石而没有留下现生代表，比如雷兽、爪兽等。

○ 雷兽复原图

新生代期间，由于被子植物与昆虫繁盛，幸存下来的鸟类也得到了发展。中生代的古鸟类退出了历史舞台，代之而起的是今鸟类。在恐龙绝灭之后、大型肉食性哺乳动物崛起之前，地球上出现过一些凶猛的巨型肉食性鸟类，其中美洲大陆上就生存过捕食小型马的肉食性巨鸟。

到了新近纪期间，哺乳动物的总体面貌越来越接近我们今天熟悉的类型。如果我们看到那时候的马、鹿、象、犀牛等大型哺乳动物，一眼就能辨识出来，不会有陌生感。由于我们通常比较注意这些大动物，往往会忽略很多小动物。事实上，新近纪完全可以称作青蛙的时代、蛇的时代、鸣禽的时代或兔子、老鼠的时代，因为它们都是非常繁盛的类群。

第四纪是新生代最新的一个纪，代表地史新阶段（包括人类历史在内）。它始于距今 260 万年左右，分为更新世和全新世两个阶段。

更新世与全新世之间一般以距今约 1 万年为界，并以地球上最近一次冰期结束、气候转暖为标志。距今 1 万年通常也是人类文化史与史前地质时期的分界。

更新世的生物面貌已十分接近现代。更新世早期已出现了真牛、真马及真象（跟我们熟悉的牛、马、象十分相似的动物）等；而像大树懒、剑齿虎、猛犸象、披毛犀之类的大型哺乳动物，在更新世末期相继灭绝了。全新世的生物面貌和现代基本一致。现代人类的出现与演化，堪称第四纪最重要的事件之一。

在本章，我们浮光掠影地介绍了时间上（地球历史上）的生物多样性，显示出我们现今地球上的生物多样性与地球历史时期的总数比起来，简直是九牛一毛。

下一章，我们将介绍空间上的生物多样性，即现今地球上生物地理分布所呈现的生物多样性概况。

　　小伙伴们，生物多样性不仅与我们的日常生活息息相关（姑且不谈我们自身便是其中一个物种，我们的衣食住行也离不开其他物种），而且还是我们文化艺术取之不尽、用之不竭的素材和源泉。

　　以中国古诗词为例，几乎是"无树木花鸟虫鱼而不成诗"，比如杜甫的名句"两个黄鹂鸣翠柳，一行白鹭上青天""留连戏蝶时时舞，自在娇莺恰恰啼"，苏东坡的"竹外桃花三两枝，春江水暖鸭先知。蒌蒿满地芦芽短，正是河豚欲上时"，杨万里的"儿童急走追黄蝶，飞入菜花无处寻"以及"小荷才露尖尖角，早有蜻蜓立上头"等。这些诗句不但离不开生物，而且观察细致入微，具有极强的画面感，不啻夺了自然文学的先声，堪称古代自然文学的奇葩。

　　在当代画家中，徐悲鸿的马、齐白石的虾、李可染的牛、娄师白的鸭、陈大羽的公鸡和黄永玉的猫头鹰素来闻名，还有很多著名的松、竹、梅、菊、兰和其他花卉画家，可见，艺术家们也都离不开生物素材及其激发的灵感。

生命的演进

38亿年前 　细菌

约6亿年前

埃迪卡拉生物群

寒武纪中早期　布尔吉斯生物群 澄江生物群

泥盆纪

寒武纪末期

蝙蝠虫　　　　邓氏鱼

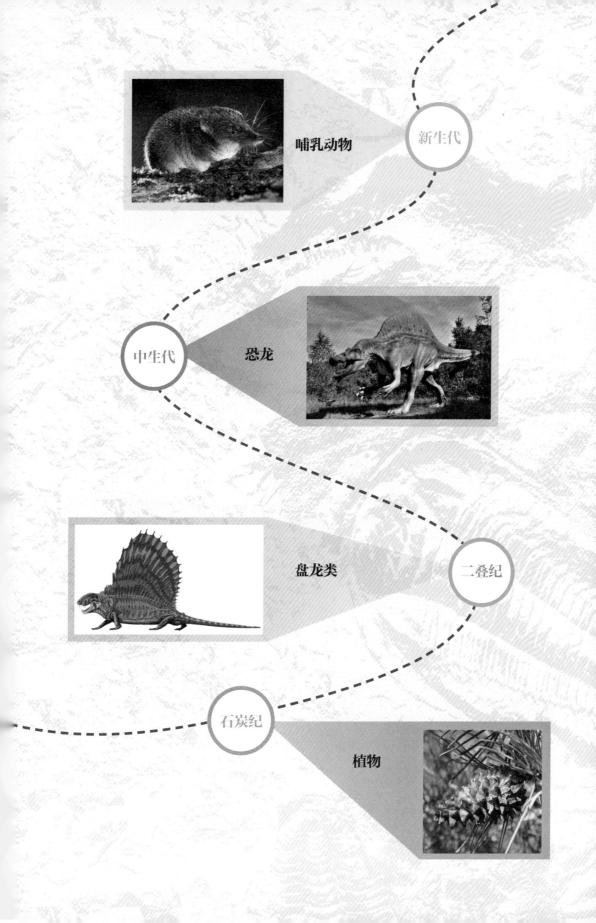

哺乳动物

新生代

中生代

恐龙

盘龙类

二叠纪

石炭纪

植物

20 世纪 80 年代，著名画家黄永玉先生访问澳大利亚时，被澳大利亚有袋类哺乳动物（袋鼠、考拉等）深深吸引，写了多首小诗（并插画），其中一首题为《口袋》的诗写道：奇怪奇怪真奇怪，动物身上长口袋。不单袋鼠身上有，考拉、老鼠、鸭嘴兽不例外。我们口袋装本本，它们口袋装小孩。一个口袋装一个，省时省力巧安排……

　　除了老鼠、鸭嘴兽（二者都不是有袋类）身上没有口袋，黄老的诗真实有趣地反映了地球上生物多样性在不同地区的差异。本章简要讨论了生物多样性在空间上的变化及其产生的主要原因。

四　空间上的生物多样性

不同生物地理区系的
生物多样性

"新大陆"是欧洲人在15世纪末发现美洲大陆及邻近的群岛后对这片土地的称呼。

与之相对，"旧大陆"指此前欧洲人认识的世界，即欧洲、亚洲和非洲。

走近科学巨匠

华莱士是英国博物学家，自然选择学说创立者之一，现代生物地理学的奠基人。他根据哺乳类的分布情况，把全世界的动物分布划为若干区。他提出的"华莱士线"以及动物地理的分布区域，到现在仍然大部分有效。

早期的博物学家很早就发现，在地球上不同的地区生活着面貌迥异的生物。

博物学鼻祖、18世纪法国著名博物学家布封注意到：生活在"旧大陆"非洲的大象、犀牛及河马等，在"新大陆"美洲却见不到它们的踪影。此外，一些大型猫科动物，如狮子、老虎和豹子等，在新、旧大陆上均有各自不同的种类——非洲狮的体形大于美洲狮，非洲豹的体形大于美洲豹等。

与达尔文同时提出自然选择学说的英国博物学家华莱士，曾在南美洲亚马孙雨林以及东南亚马来群岛深入考察，他也发现：虽然两处都是热带雨林，但两者在生物多样性面貌上存在着巨大差异。

华莱士在马来西亚考察时，曾从婆罗洲（加里曼丹岛）渡海，到了位于海峡东侧的印尼的苏拉威西岛，然后折返回来。他发现海峡两侧的动植物种类大相径庭，西侧婆罗洲岛的动植物物种与亚洲的其他物种相同或相似，东侧苏拉威西岛则与澳大利亚的物种相同或相似。尽管在中间地带一些小岛上，兼有其两侧的部分生物类型，但这一狭窄海峡两侧的生物类型截然不同的现象依然令他印象深刻。苏拉威西岛上的袋猫是袋貂科的成员，它跟澳大利亚的袋鼠、树袋熊、袋獾、袋熊等同属于有袋类哺乳动物。这是在婆罗洲岛一侧的马来群岛及亚洲大陆从未见过的动物类型。

袋熊

袋鼠

鸸鹋

鸭嘴兽

树袋熊

○ 澳大利亚部分代表动物

因此，华莱士认为，两侧的生物群必然分属于两个不同的生物地理区系。巴厘岛与龙目岛之间的情形也是如此：靠近亚洲大陆一侧的巴厘岛的动植物类似亚洲类型，靠近大洋洲一侧的龙目岛的动植物则类似大洋洲类型。

由此，他把这条东洋区和大洋洲区的分界线称为"华莱士线"，并认为它是分隔亚洲与大洋洲两个不同生物地理区系的界线。

在华莱士生活的 19 世纪，造成上述生物地理区系隔离现象的原因令博物学家颇为费解。但在大陆漂移学说（尤其是板块构造理论）兴起之后，这个问题迎刃而解。

在地球历史上的某一个时期，亚洲和澳大利亚是连在一起的巨大陆块。在这期间，两处的动植物物种可以在相连的两个次大陆上自由迁移，并且在它们交配并产生可育的后代时，一般倾向于保持同一物种（除非发生巨大的基因突变）。然而，大陆漂移和板块构造运动逐渐将这两个大陆分开，中间的海峡（以及其下的深海沟）将生活在它们上面的陆生生物群有效地分隔开来，由此，两个大陆的生物物种向着不同方向演化。经过很长的一段时间，两个大陆上的物种演化出了各自的独特之处。由这种地理屏障所造成的生殖隔离，使一度相同或密切相似的物种变得截然不同。

"华莱士线"这条无形的线，标志着在其两侧形成了差异巨大的生物地理区系。博物学家也可以根据这条界线，预测在大陆坡和大陆架两侧究竟会存在哪一类型的生物物种。

华莱士凭借他的最初发现以及对陆生动植物地理分布的研究，成为现代生物地理学的奠基人之一。

不同大陆上的动植物面貌差异显而易见，大家熟悉的一个例子是非洲象与亚洲象的区别。这是目前世界上仅存的两类大象。

在地球历史上，大象的地理分布远比现在广泛，其种类也多得多。除了非洲象的耳朵比亚洲象的耳朵大，你们还知道它们之间的其他差异吗？

首先，非洲象的体形比亚洲象大一圈；其次，非洲象额头平滑，亚洲象额头上有两个凸起（鼓包）；再次，非洲象背部中间有凹陷，亚洲象背部有凸起。

○ 非洲象（左）与亚洲象（右）

如果细看，差别就更多了，比如亚洲象的脚趾数目比非洲象的脚趾数目多：亚洲象前脚一般是 5 趾，后脚是 4～5 趾，而非洲象前脚一般有 4～5 趾，后脚只有 3～4 趾。

在鼻突和象牙的外表特征方面，两者也存在差别：非洲象的象牙比亚洲象的象牙粗大，前者的光泽和硬度也高于后者。象的鼻子如同我们的手，吃喝、打架和抓东西都离不开它，对感知外物十分敏感。非洲象的鼻子上生有两个鼻突，鼻孔上下各一个，但亚洲象只有一个鼻突，生在鼻孔的上方。亚洲象性情温驯，早已被人类成功驯化，在印度等地曾是当地人重要的交通运输工具；而非洲象依然富有野性，脾气暴躁，至今尚未被人类成功驯化。

此外，即便在同一大陆上，由于不同的地区在地形和地貌上存在着巨大的差异，不同地方的生物面貌也不尽相同，使空间上的生物多样性变得愈加复杂，比如山区和森林里的动植物类型与平地和草原上的大不相同。长期以来，生物学家们一直被大陆上的沙漠和极地冰盖这些代表极端生存环境的地方所深深吸引。

一般人会以为，在极度炎热和干旱的沙漠地区以及严寒的极地冰盖和高山之巅，生物似乎难以生存和繁衍。实际上，在长期演化过程中，这些地带的动植物在自然选择的驱动下，反而演化出一些十分惊人和特殊的适应性特征，使其在严酷的环境中得以存活。

举个例子。在广阔的沙漠中，植物的叶子通常极小或完全缺失，这样可以减少体内水分蒸发，此外，它们的枝干较粗（形成擅长储水的肉质桶形茎），外表有厚厚的蜡质层，根系在土壤中的深度极浅以确保接触任何程度的降水，并生有膨大多肉的根（便于储藏水分）。由此，沙漠中的仙人掌和仙人球可以长得很大，并有极强的耐热和抗旱机能。

○ 巨人柱仙人掌

在沙漠地区的动物中，骆驼素有"沙漠之舟"的美称，也具有一些奇妙的适应性形态和生理特征，曾被布封称为具有"来自大自然的坚韧、美丽与善良的特质"。

骆驼能在极其恶劣的沙漠环境里生活。夏天，沙漠地表温度高达 70 摄氏度，骆驼照样能负重行走，这是因为骆驼的脚掌上有一层厚厚的肉垫，不仅防烫，还能使骆驼不容易陷入松软的沙里。骆驼的睫毛很长，耳窝里生有许多细长的毛，鼻孔也可以随时关闭，这些都帮助骆驼阻止风沙侵入体内。

骆驼身上长着一个或者两个驼峰，并因此分别被称为单峰驼与双峰驼。驼峰里贮藏着脂肪（并不是水），当长时间缺乏食物时，这些脂肪会自动转化为营养与水分，来维持骆驼的生命。骆驼的耐旱性很强，其身体有多种适应结构。它们遇到水源时，会拼命地喝水，喝下的水可以通过体循环迅速扩散到全身的细胞里，并储存起来备用。

阿拉伯人把骆驼视为神圣的动物，没有骆驼的帮助，他们将很难生存。阿拉伯人不仅喝骆驼奶、吃骆驼肉，用驼毛制作衣料和毛毯等，还利用骆驼在沙漠中旅行、运输、经商甚至作战。

看过电视剧《乔家大院》的读者，也许还记得这个情节：乔家到口外（泛指长城以北地区）经商时，骆驼正是他们重要的运输工具。在中国西北地区，骆驼的价值很可能超过牛和马，因为它既能负重、省草料，又吃苦耐劳、温驯细心。

○ "沙漠之舟"——骆驼

同样，极地与高山生物也演化出一些适应严寒环境的形态和生理特征，使其与热带、亚热带和温带地区的生物大不相同。

除了北极熊、北极狐和南极冰鱼，企鹅是大家比较熟悉的、生活在极地的鸟类（鸟纲）。我们已经知道，很多鸟畏惧严寒，在入冬之前会迁徙到温暖的地方。

企鹅是鸟类中少有的不惧怕寒冷的成员，它们大多生活在冰天雪地的亚南极地区。企鹅的羽毛短而密，浑身是厚厚的脂肪，非常耐寒。它们体形肥胖，走起路来摇摇摆摆，十分讨人喜欢。它们主要以海洋浮游生物为食，善于游泳，却不会飞翔。

近些年来，出现了多部关于企鹅的精彩纪录片，比如《帝企鹅日记》《企鹅群里有特务》等，片中企鹅憨态可掬的形象令人印象深刻。

企鹅中最有名的要数帝企鹅和王企鹅，它们身躯高大，颈部花纹艳丽，气质高贵，容貌不凡，颇有帝王之态，因此被称作帝企鹅和王企鹅。两者虽然是近亲，外表也相似，但是帝企鹅生活在南极冰盖上，王企鹅则生活在较为温和的亚南极岛屿上。

你一定很好奇帝企鹅和王企鹅在外表上到底有什么区别。现在，请翻到下页，我们一起玩个"找不同"的游戏吧！

帝企鹅

　　帝企鹅是企鹅家族中个头最大的一种，主要生活在南极大陆及周边海洋。其生育方式很特别，雌企鹅产蛋，雄企鹅孵蛋。幼鸟为灰白色。

王企鹅

　　王企鹅主要分布在南极大陆边缘及南极半岛，体形大小仅次于帝企鹅。幼鸟为棕褐色。

高寒地带的植物同样生机盎然。它们一般较矮小，通常贴着地面生长。叶和花也较小，但在地下拥有巨大的根系，能使其在漫长荒凉的冬季里储存"食物"。很多极地植物能在雪盖之下生长，并可以在极低的温度条件下进行光合作用。

　　珠穆朗玛峰上的雪莲花非常漂亮。达尔文的好友、英国植物学家胡克在南极圈考察时，曾在其外围的凯尔盖朗群岛上，发现过一颗硕大而神秘、类似卷心菜的植物，他还让考察队的炊事员拿去给大家煮了一锅菜汤！

○ 雪莲花

对生物学家来说，岛屿是研究生物地理学和生物演化的天然实验室，因为在距离大陆遥远的岛屿上，在与主要大陆隔离的漫长时期内，演化出了与邻近大陆不同、独具特色的动植物群落。

19世纪，达尔文通过研究加拉帕戈斯群岛的地雀等，曾揭示了以自然选择为主要机制的生物演化论。其实，从某种意义上来说，澳大利亚也堪称一个巨型岛屿，因而有着十分奇特的生物群。

另一个著名的例子是岛国马达加斯加。那里的生物多样性也非常丰富，且十分独特，很多物种正面临灭绝的威胁，是目前生物学家们研究地球上生物多样性的热点地区之一。

○ 马达加斯加岛的狐猴

除了上述生物地理分布造成的生物多样性，在同一生物地理区系内，不同的生态环境也孕育了缤纷的生物多样性。最明显的是陆地生物群与海洋生物群的不同；其次，同属于陆地、淡水水域或海洋环境，在不同的栖息地，也分布着不同的生物群。

由此，地球上的生物多样性变得愈加千姿百态、缤纷多彩。

生态环境多样化带来的生物多样性

没有任何一种生物生活在真空里，所有的生物都生活在特定的环境中。环境是指它们周围外部世界的总和：它们在那里居住、寻找食物、繁衍生息；它们在那里遭遇并试图逃避敌害，或与其斗争；它们在那里应对恶劣气候及其他不利因素……环境为它们提供了栖息地，同时也是它们生存斗争的战场。

对生物而言，环境一般又称作生态环境，包括气候条件、地貌特征，以及与其他生物之间互动关系的各种复杂因素等。生物在生存斗争中成功与否，不是由单方面因素决定的，而是取决于它是否适应所有这些环境因素。

换句话说，只有上述所有环境因素都有利于该生物的生存与繁衍时，它才能在自然界残酷的生存斗争中立于不败之地。地球上的生态环境千差万别、变幻无常，由此，演化出了五花八门、形形色色的不同生物。生态环境多样化所带来的生物多样性，一点儿也不比生物地理分布造成的生物多样性逊色。

在气候方面，在全球范围内，从赤道到极地，可分为热带、亚热带、温带、寒带等不同的气候带。位于不同气候带里的生态环境，其季节变化、日照长短、气温和气候变化大不相同。在地貌方面，即使在同一个气候带里，陆地上有山脉、丘陵、平原、河流、湖泊等不同的地形地貌；在海洋中则有潮汐带、近海、浅海与深海的区别。

生态环境各有不同，生活在这些不同生态环境中的生物群落自然各不相同。一个地区的动物种类取决于当地的植物类型，比如斑马吃草，因而生活在草原上；狮子等肉食性动物要以斑马等植食性动物为食，自然也出现在草原上，它们一起形成了一个生物群落。由此，不同的地区形成了不同的生物群落。

在生态学里，有两个基本概念需要介绍一下，即"栖息地"（"栖所"或"居所"）与"小生境"（"生态灶"或"生态位"）。栖息地好比生物的家庭住址，小生境则是生物的谋生方式。因而，同一个栖息地里有许多不同的小生境。

○ 不同的地貌（左起：山脉、丘陵、平原、荒漠、河流、潮汐带、深海）

○ 大西洋中的金枪鱼群

　　举个例子。在海洋里，大多数金枪鱼和鲱鱼通常生活在表层水域，两者的栖息地基本重叠，然而小生境完全不同：虽然它们都是肉食性动物，但金枪鱼以鲱鱼为食，鲱鱼则以微小的浮游动物为食。它们之间的小生境不同，主要是食物对象不同。倘若两个物种占有同一个小生境，它们之间必然产生激烈的竞争。

　　尽管生存斗争在自然界中十分普遍，但同一个小生境中有两个以上的物种进行殊死搏斗的现象一般比较少见——因为较弱的一方会去寻找其他未被占领的小生境，而不是在正面冲突（"硬碰硬"的竞争）中被强大的竞争对手淘汰。即便在同一物种里，也不会任由个体数量无限制地增加，以免引起种内个体之间的自相残杀。

这便是生态学中的"生态隔离"现象，也是达尔文自然选择学说中"性状分异原理"的基础。

达尔文在《物种起源》里指出：在任何一个地区，某一种肉食性四足兽类的数量很容易达到饱和，这是因为它们要通过捕食其他动物生存，而这些食物资源是有限的。如果由着它们的个体数量自然增长，这些兽类的后代就必须通过变异，夺取其他种类的动物目前所占据的生存空间，而不是在现有空间里自相残杀。

有些兽类会改变猎食对象，既吃活的、新鲜的肉，也吃腐肉；有些选择生活在新的居所，或上树，或下水；有些干脆改变食性——少吃肉，多吃素，变成杂食动物，或者像大熊猫那样改吃竹子。这些肉食性动物的后代在习性和生理构造方面变得越多样化，它们所能占据的生存空间就越多。

在这方面，达尔文发现植物也一样。同样大小的两块地里，如果一块地只种一种小麦，另一块地混种几个不同变种的小麦，那么，后者会长出更多不同变种的小麦，从而使平均产量比前者高。

任何一个物种的变异后代，在构造、体质、习性上越多样化，它们越能在数量上增多，越能侵入其他生物所占据的位置，越能丰富生物多样性，在生存斗争中成功的概率也越大。达尔文在《物种起源》里讲述过同一个地区的两种狼是如何从原先同一种狼演化而来的故事。

当然，生物的生存斗争不限于生物之间的资源竞争，更多的是与天斗、与地斗——比如森林中的植物，要争夺土壤中的养分及头顶上的阳光，因此，我们可以在热带与亚热带的森林中看到参天大树，其树冠的枝叶铺展开来，为光合作用而争夺阳光；而小树苗及一些耐阴的植物（如蕨类植物、苔藓植物）只能在大树底下生长。

同样，在山区爬过山的人都见识过，不同的高度生活着不同类型的植物，这种随着高度不同所出现的不同植被或植物分带的现象，是由不同的气温引起的。通常，山下的气候比较温暖，随着山脉海拔的升高，气温不断降低，因而有了一系列植被变化。植物是一些植食性动物的口粮，随着植物类型的变化，生活在那里的动物类型自然就不同了。

由此可见，生态环境在自然选择中充当了筛子的角色。随着生物所处的生态环境不断变化，生物在自然选择的驱动下也继续演化，使自身与周围的生态环境更加协调，以利于生存与繁衍。在千差万别的不同环境中，生物演化出了五花八门的类型。今天地球上的生物多样性，正是亿万年来生物在自然选择

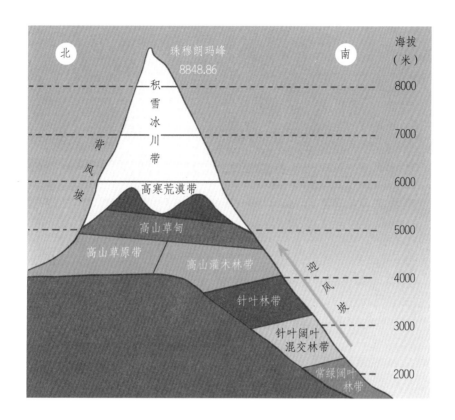

○ 珠穆朗玛峰地区自然带的垂直分布示意图

的驱动下适应环境的演化结果。

如果我们考虑到地球上有那么多复杂且不同的生态环境,并且每一种生态环境都给生物提供了千差万别的栖息地,而每个栖息地里又有许许多多不同物种或类群的小生境——这些结合起来产生的不同组合,岂不是更多?这样一来,多样化的生态环境催生的生物多样性,是令人难以想象的,这也正是地球上生物多样性之丰富的根源所在。

塞伦盖蒂国家公园

　　塞伦盖蒂国家公园位于坦桑尼亚，堪称世界上最大的野生动物生态系统。每年有数百万只牛羚（角马）、瞪羚、斑马等为了寻找食物和水源而进行长途跋涉，像一幅壮观的非洲风景画。

伊犁天鹅泉湿地公园

　　在我国新疆伊犁，有一座天鹅泉，是天然的不冻湖。每年，很多迁徙的天鹅在此过冬。晨曦中，在薄雾笼罩的湖面上，疣鼻天鹅嬉戏觅食，与湖边晶莹的雾凇融合在一起，画面美如仙境。

既然地球上的生物是在不断演化的，那么，地球上的生物多样性在漫长的地球历史中也经历了逐步演化的过程。本章将介绍一些我们熟悉的活化石，通过这些奇妙的生物，我们得以窥视远古时期地球上生物多样性之一斑。

借助地球历史上的生物多样性与现代生物多样性的比较研究，科学家们得以探索生物多样性的演化历程，并反过来给生物演化论提供了强有力的支持。先驱回眸应笑慰，事业自有后来人；达尔文若地下有知，对此一定会倍感欣慰的。

五　生物多样性的演化

生物多样性也是生物演化的实证

长期以来，古生物学家一直强调"化石是生物演化的实证"，其实，地球上的生物多样性又何尝不是生物演化的实证呢？

如前文所述，正是生物演化的事实，才造就了地球上的生物多样性。化石是地球历史上生物多样性的实证，而当今世界上的生物多样性，则是生物演化正在进行的实证。正是通过生物多样性，通过地球上奇妙的生物，我们认识并了解到，生物演化大戏已经上演了亿万年，并且还将继续上演。

因此，生物多样性本身的演化，无疑是地球上形形色色的生物最为奇妙之处。

在生物中，有一个比较特殊的类群，称作活化石。

活化石是一些非常奇妙的生物：首先，既然是化石，怎么还活着呢？这看似自相矛盾的现象，在自然界是真实存在的。其次，既然它们还是鲜活的生物，为什么称其为化石呢？

自然界的复杂，正在于存在着这一类不可思议的表象。地球上生物多样性的演化，也通过活化石这些特殊而奇异的生命形式，使科学家得以"管中窥豹"。

活化石可分成两大类：

一类包括一些在地球上生存历史悠久的动植物，在漫长的时间里（从几千万年到数亿年），外部形态变化很小，至今依然与它们早已灭绝的"同类近亲"相似；

另一类包括一些原本认为早已灭绝的生物（只有化石记录而没有现生代表），后来又发现它们依然生活在地球上某个不为人知的角落。

目前，有些科学家主张，只有后一类生物才能算是真正的活化石，而前一类只是代表其演化速率极其缓慢，古今代表生物之间差别极小甚至看不出来，但从来没有在地球历史上消失过（意为一直延续着，因而从来不曾被认为是化石）。前一类生物十分奇特，它们对认识生物多样性的演化有同等重要的意义。

事实上，两类活化石都帮助我们看到人类出现之前的生物长得什么样子，并启示我们认识地球上的生物多样性是如何演化的——生活在不同生态环境中的不同生物类群，其演化速率并不相同。更重要的是，几乎所有的活化石都十分奇特。

在下一节中，我们将选取一些活化石生物的例子，分别予以介绍。

活化石为我们打开一扇观察
远古生物多样性的窗口

前文提到的第一类活化石其实很常见，不仅在世界上分布很广，种类也不少，我们对它们比较熟悉。像水母（想象一下我们餐桌上常见的凉拌海蜇皮和海蜇头）、海绵动物、珊瑚、海豆芽、马蹄蟹、鲨鱼等，都是曾繁盛在古生代海洋中的动物，其中有些远在三叶虫出现之前就已生活在海洋中。

它们都有数亿年的历史，却变化很小，并在历次生物大灭绝中幸存下来。我们通过研究它们，能够了解它们已灭绝的远古亲戚究竟是什么样的动物，包括这些化石活着时的软体形态特征、生理机能、生活方式等有用的信息。还有七鳃鳗、鲟鱼等，七鳃鳗比恐龙还要古老，鲟鱼也在恐龙时代就出现了。

海豆芽又称舌形贝，是原始的腕足动物，跟石燕同属一个门类——腕足动物门。在古生代海洋中，腕足动物曾像今天的蛤蜊一样常见，并繁盛了亿万年，广泛分布在全球范围内，直

○ 海豆芽

到二叠纪末的生物大灭绝事件之后才走向衰退。

腕足动物过着底栖生活，靠捕捉水中的浮游动物以及过滤海水中的营养物质为生。海豆芽生有细长的肉茎，加上其上方的舌形贝壳，看起来很像豆芽，故得名。舌形贝类早在寒武纪早期就已经出现了，有 5 亿多年的历史，因此海豆芽也被称为活化石。在我国雷州半岛和海南岛这些海豆芽的产地，辣炒海豆芽还是当地人餐桌上的一道名菜呢！

马蹄蟹又称鲎（hòu），其实它既不是蟹，也不是鱼，而是一种古老节肢动物的"孑（jié）遗"（残存者）。赫赫有名的三叶虫也是一种古老的节肢动物。古老的节肢动物演化出了现今物种多样性异常丰富的昆虫类、甲壳类（如蟹、虾和龙虾等）以及许多其他节肢动物。

○ 马蹄蟹（鲎）

事实上，鲎跟三叶虫是近亲，与蜘蛛和蝎子的亲缘关系也比与蟹之间的亲缘关系密切；因此，马蹄蟹这个名字其实是一种误称——是由英语中的俗名 horseshoe crab 直接翻译过来的。

鲎广泛分布在中国东南沿海地区和北美洲的大西洋沿岸，它们的成年个体较大，长达 70 厘米，重 3～5 千克。它们肉质鲜美，且比一般螃蟹的肉多得多，因而早已成为人们的盘中餐。

不但如此，鲎的血浆中含有一种特殊的变形细胞，在细菌入侵体内后，这种变形细胞会变形，并释放出凝固蛋白原，包围入侵细胞，致使邻近的其他细胞产生粘连作用，从而使血液凝聚成胶状物，以减弱及抵御细菌的入侵。早在 20 世纪中叶，科学家已利用鲎血的抗菌能力，开发出了细菌检测剂，即"鲎试剂"。几十年来，它一直被广泛用于检测医疗手术器械是否受到细菌感染。科学家还利用鲎血提取物研制疫苗或开发新药试剂等。鲎试剂不但反应迅速，且灵敏度极高，因此，鲎在现代医学上具有十分重大的意义。

据英国广播公司（BBC）报道，2020 年新冠疫情暴发后，科学家在研制新冠病毒疫苗的过程中，鲎血也有重要的贡献。令人欣慰的是，目前已有不含鲎血的鲎试剂的替代品。

历经亿万年，鲎的外部形态经历了极小的变化，至今仍然酷似早已灭绝的远古节肢动物，被称作海洋中的活化石。由于它们具有珍贵的医用价值，也有人视其为国宝。此外，它们在产卵季节，雌雄个体通常成双成对地爬上海滩找寻产卵的地方，形同鸳鸯，因此又被戏称为"海底鸳鸯"。

然而，在经历了地球历史上数次生物大灭绝事件后，"毫发未损"的鲎，而今却面临着惨遭人类滥捕而濒临灭绝的威胁，这不仅深具讽刺意味，而且不得不令人类警醒。为了保护鲎类、保护生物多样性，我们即便暂时无法停止医学利用，至少应该立即舍弃口腹之欲——让我们一起行动起来，救救鲎类吧！

接下来，我们聊一聊七鳃鳗。七鳃鳗属于无颌类动物，它的嘴里没有上颌、下颌，在地球上已经存在了三亿年以上。

○ "恐怖"的七鳃鳗

现生的七鳃鳗目有10属38种，广泛分布于寒带、温带的淡水和近海水域，大部分生活在北半球，南半球只有两个属。在中国，仅有七鳃鳗属（*Lampetra*）一属。

　　七鳃鳗身体细长，呈圆柱形，体表没有鱼鳞。它的每只眼后有七个圆形鳃孔，因而被称作七鳃鳗。它只有一个鼻孔，且长在头顶上。它只有单个的鳍（背鳍、臀鳍和尾鳍，统称奇鳍），不像其他鱼类那样有成对的胸鳍和腹鳍。七鳃鳗的嘴巴特别厉害，它虽然没有颌，不能咬嚼食物，但是它的口呈漏斗状，里面有一圈一圈的、像锉刀一样锋利的牙齿。整个圆形嘴巴像吸盘，能吸附在大鱼的身上食肉吸血，是名副其实的"吸血鬼"。

　　七鳃鳗的食性相当奇特，甚至可以说是恐怖。它的神经系统比较原始，但感觉和反应异常灵敏，只要在它周围30米内有猎物游过，它便会像利箭一样直射过去，用吸盘状的嘴吸附在那"倒霉鬼"的身上，再用锋利的角质齿在对方身上锉开一个窟窿，然后用活塞一样的"锉舌"吸食对方体内的血液。

　　据说，古罗马时期，有个政治家名叫波利奥，是个残忍的家伙，他在院子里的鱼池中养了许多硕大的七鳃鳗，如果家中的奴隶做错了事，他就下令将其投入池中喂七鳃鳗。

七鳃鳗不是我们平时说的鳗鱼，但这不妨碍它成为一些人盘中的美味。在日本料理中，七鳃鳗是常见的佳肴。在俄罗斯、英国、法国等国家，人们也捕捞七鳃鳗食用。对七鳃鳗最情有独钟的，当数葡萄牙人和西班牙人，近年来，他们还从国外进口了许多淡水七鳃鳗，在市场上以高价出售。在北美洲，有些印第安部落捕食七鳃鳗；在美国明尼苏达州北部的餐馆里，菜单上也有七鳃鳗的名字。

据记载，11世纪末期，英国国王威廉被称为"征服者威廉"，他的小儿子继位后，是为亨利一世。亨利一世跟父亲一样，仍然是"只识弯弓射大雕"。他特别喜欢吃七鳃鳗，几乎达到了暴食的程度，连御医都劝他少吃点儿，但他没有遵照医嘱。1135年11月下旬，亨利一世在被英国占领的法国诺曼底一带狩猎。有一天晚餐时，他吃了许多七鳃鳗，当晚就感到不舒服，原定第二天外出打猎的计划也不得不取消，谁知他竟一病不起，几天后便一命呜呼了。亨利一世时年67岁，平时身体健康，是嘴馋让他丢了性命。亨利一世去世后，他铁腕统治下的英国及法国诺曼底的局势面临严峻的考验——这算不算七鳃鳗惹的祸？

七鳃鳗虽可怕，但跟鲨鱼比起来，简直是"小巫见大巫"。鲨鱼是软骨鱼类的代表，已经在海洋中生活了4亿多年，比恐龙的资历还老呢。有的鲨鱼体形庞大，行动迅猛，锯齿状牙齿极其锋利，能够吞食海豹与海龟，并且力大无比，凶残而贪婪，被称为"海中狼"。

　　鲨鱼的骨骼是由软骨和结缔组织构成的，因此化石中保存下来的大多是它们的牙齿。鲨鱼的身躯特别长，皮肤坚硬，脑袋扁平，眼睛小而圆，嘴巴能张得很大。在所有鲨鱼中，攻击性最强的其实只有少数几种，以大白鲨最为著名。古生物学家通过比较化石与现代鲨鱼的牙齿，发现鲨鱼在几亿年间似乎变化不大，故也称鲨鱼为活化石。

○ 鲨鱼

○ 肺鱼

肺鱼是第一类活化石的又一代表动物。顾名思义，肺鱼是具有"肺"的一类鱼，由于绝大多数鱼类通过鳃呼吸，因而肺鱼在鱼类中比较另类。肺鱼是肉鳍鱼类中的一类，它们的鱼鳔内壁上生有许多泡状囊，以扩大呼吸的面积，类似陆生动物的肺，因而得名。在干旱缺水的季节，肺鱼能借助鱼鳔呼吸，这一器官距离演化成真正的肺已经不远了。

在过去，科学家长期认为，肉鳍鱼类中的另一类——拉蒂迈鱼与四足动物的亲缘关系最近，而分子生物学证据显示肺鱼与四足动物的DNA序列比拉蒂迈鱼与四足动物的DNA序列更为相似。另外，拉蒂迈鱼的鱼鳔中充满液体，这种鳔是很难在陆地上呼吸的。近年来，来自中国云南的化石证据也支持肺鱼类跟四足动物（包括人类在内）的亲缘关系更近，因而，与拉蒂迈鱼比起来，肺鱼才是我们的近亲。

肺鱼的化石记录可以追溯到4亿多年前的泥盆纪早期，并且一直延续到现在。现代肺鱼仅有3属5种，分布在澳大利亚、南美洲和非洲，分别称为澳洲肺鱼、美洲肺鱼和非洲肺鱼。

肺鱼除了具有鳃，一般还有一两个"肺"。它们生活在河流湖泊中，在干旱枯水的季节，可以用"肺"呼吸，躲在干涸河湖底部的泥土中，在用黏液丝结成的茧状物里度过漫长时日。因此，肺鱼是非常神奇的鱼类。它们与其化石祖先十分相似，也被称作活化石。

在第一类活化石中，属于植物界的代表主要是木贼及外貌酷似棕榈树的苏铁。这些植物的化石常常发现于恐龙化石的产地附近，故被认为可能是植食性恐龙的主要食物。现代的木贼与苏铁跟它们的化石祖先十分相似，被称为植物中的活化石。

第二类活化石（曾被认为业已灭绝的生物，后来又发现它们依然还生存着）的著名代表，包括脊椎动物拉蒂迈鱼、无脊椎头足动物鹦鹉螺及植物中的银杏等。

其中，拉蒂迈鱼被人们重新发现的故事最为有趣，在当时颇具轰动性。

○ 苏铁

○ 拉蒂迈鱼

在 20 世纪初，人们对拉蒂迈鱼的了解仅限于空棘鱼化石。作为肉鳍鱼类的代表，空棘鱼的前后腹鳍的内部骨骼构造与四足动物的前后肢骨骼类似，因而被专家们认为是两栖类及所有其他四足动物（包括人类在内）的祖先。长期以来，科学家认为空棘鱼类在约 6600 万年前已与恐龙一起灭绝了。

1938 年冬，在印度洋南非海岸附近，当地渔民捕获了一条非常奇怪的蓝色大鱼。据说，当时在东伦敦博物馆工作的拉蒂迈小姐首先意识到它的不同凡响，便把这条怪鱼带回博物馆，并联系了相关专家。英国的专家们研究之后兴奋不已，认为这是一个奇迹：它与早已灭绝的空棘鱼化石骨骼特征几乎完全相同，尤其是那肥嘟嘟的肉质鱼鳍披露了它跟4亿年前的化石祖先一模一样！研究人员说，这条鱼（以拉蒂迈小姐的名字命名）让他们观察到了4亿年前的远古生物。自那以后，人们陆续发现了200多条拉蒂迈鱼，都生活在深水中，其中包括在印度尼西亚发现的拉蒂迈鱼的一个新种。

据估计，世界上的拉蒂迈鱼总数也就几百条，这样的活化石依然濒临灭绝，需要重点保护。

作为第二类活化石的银杏，跟拉蒂迈鱼一样有被重新发现的有趣故事。在20世纪之前，大多数西方人对银杏的了解仅限于保存在泥页岩中的银杏叶的压模或痕迹化石。银杏跟苏铁和松柏类一样，也是生存在恐龙时代的裸子植物，其化石记录可以追溯到近两亿年前。

○ 银杏

○ 深秋时节，金黄色的银杏树是北京故宫里的一道风景线。

一般认为，大冰期的严寒气候使银杏树最终走向了灭绝。然而在 20 世纪初，来自西方的探险家在中国境内人迹罕至的深山古刹中，意外地发现了银杏树在寺庙僧人的呵护下依然生机勃勃。这些探险家不仅向世界报道了这一惊人的发现，并将银杏树重新引入其他国家。

银杏树有美丽的扇形树叶，长成后可高达 40 米；到了秋季，树叶变得一片金黄，非常漂亮。与拉蒂迈鱼的命运不同，银杏树被重新发现后，在世界范围内广泛种植，并茁壮成长，成为重要的景观树木。在许多大学校园和城市街道两旁，都能见到银杏树的"倩影"。

○ 鹦鹉螺

鹦鹉螺是另一个被重新发现的活化石例子。

鹦鹉螺属于软体动物。软体动物包括我们熟悉的蜗牛、河蚌、章鱼、乌贼等；而鹦鹉螺与章鱼、乌贼同属于软体动物中的头足类，头足类因它们的足（特化了的腕）位于头部嘴巴的周围而得名。

在头足类中，以鱿鱼（枪乌贼）最为人们熟知，我们常吃的美食中有爆炒鱿鱼、鱿鱼铁板烧；在日常生活中，如果丢了工作，有个俗语叫"被老板炒了鱿鱼"。它们的足（腕）多达10条，兼具捕食、运动和吸附的功能。

据说，乌贼和章鱼是海洋里最聪明的无脊椎动物，因为头足类的头部发达，头的两侧有一对发达的眼睛，其灵敏度堪比猫头鹰、猫和人的眼睛。

此外，头足动物都是肉食性动物。它们的化石成员曾是远古海洋中最凶猛的无脊椎动物。壳长可达两米的中华震旦角石在4亿多年前的奥陶纪海洋中堪称"巨无霸"，中生代最大的菊石直径超过两米，在无脊椎动物里是凶猛的猎食者。

你们读过法国科幻作家凡尔纳的小说《海底两万里》吗？书中有一艘奇异的潜水艇——"鹦鹉螺"号，名称就源自现代鹦鹉螺属的拉丁文学名。而潜水艇是运用仿生学原理，通过模仿鹦鹉螺排水时上浮、吸水后下沉的运动方式研发制造出来的。

现代鹦鹉螺的外壳呈螺旋形，外表光滑似圆盘，形似鹦鹉嘴，因而得名。鹦鹉螺类是头足类中比较古老的代表，最早出现于寒武纪，到奥陶纪时达到顶峰，甚至成为顶级掠食者，然而自志留纪开始迅速走向衰亡。到了中生代，从鹦鹉螺类演化出来的菊石类取而代之，变得十分繁盛。菊石的外形乍看起来与鹦鹉螺十分相似。

鹦鹉螺在地球上历经了数亿年的演变，在南太平洋印尼海域的深海处重新发现现生鹦鹉螺之前，科学家相信它早已灭绝了。现生鹦鹉螺与其化石祖先相比，外形上变化并不大，幸存的现生成员被称为活化石，现属于我国的国家一级保护野生动物。

值得指出的是，鹦鹉螺的重新发现，使古生物学家对菊石活着时的生活习性有了较有把握的深入了解。要知道，在西方中世纪，英国人曾把菊石称为蛇石，他们认为菊石的外形看起来像盘曲的、没有头的蛇，因此有人认为菊石是西方传说中被砍掉头的无头蛇。

科学家们期望将来发现更多的活化石，帮助他们进一步正确认识地球历史上的生物多样性，并与现代的生物多样性进行比较研究，以探索生物多样性的演化历程。

产自墨西哥的一种菊石

尾声 "万类霜天竞自由"

生物学家最常引用的达尔文名言，均来自《物种起源》结尾的最后一段话：

　　凝视纷繁的河岸，覆盖着形形色色茂盛的植物，灌木枝头鸟儿鸣啭，各种昆虫飞来飞去，蠕虫爬过湿润的土地；复又沉思：这些精心营造的类型，彼此之间是多么地不同，而又以如此复杂的方式相互依存，却全都出自作用于我们周围的一些法则，这真是饶有趣味。这些法则，采其最广泛之意义，便是伴随着"生殖"的"生长"；几乎为生殖所隐含的"遗传"；由于外部生活条件的间接与直接的作用以及器官使用与不使用所引起的"变异"："生殖率"如此之高而引起的"生存斗争"，并从而导致了"自然选择"，造成了"性状分异"并致使改进较少的类型"灭绝"。因此，经过自然界的战争，经过饥荒与死亡，我们所能想象到的最为崇高的产物，即各种高等动物，便接踵而来了。生命及其蕴含之力能，最初注入寥寥几个或单个类型之中；当这一行星按照固定的引力法则循环运行之时，无数最美丽与最奇异的类型，即是从如此简单的开端演化而来，并依然在演化之中；生命如是之观，何等壮丽恢宏。

这一段文字是不是充满了美感？

开头一句描述了达尔文在自己家附近观察到的生物多样性图景，第二句总结了他的自然选择理论的精髓所在，第三句解释了地球上生物多样性是如何产生的，最后一句则揭示了他的生物演化论之美。

无独有偶，达尔文所描述的生物演化带来的生物多样性，并非生物学家的青年毛泽东也敏锐地观察到了。

1925 年秋，毛泽东在湖南长沙写下了华彩篇章：

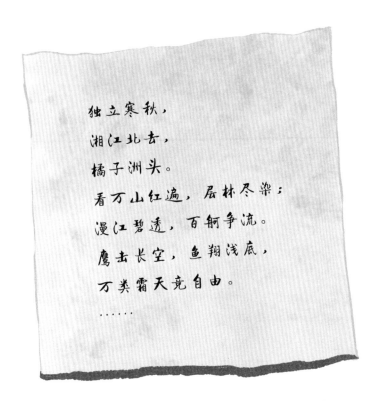

独立寒秋，
湘江北去，
橘子洲头。
看万山红遍，层林尽染；
漫江碧透，百舸争流。
鹰击长空，鱼翔浅底，
万类霜天竞自由。
……

瞧，橘子洲头的四周，各种各样的树木披上了美丽的秋色，把群山都染红了；抬头看到苍鹰在空中盘旋，俯首观望鱼儿在湘江的浅水中游来游去，好一个"万类霜天竞自由"！《沁园春·长沙》中的这半阕词，简直是对当地生物多样性的精彩白描，栩栩如生，跃然纸上。

自地球上的生命起源以来，历经 38 亿年的演化历史，生物多样性的丰富程度已增长了千百万倍。

根据爱德华·威尔逊的总结，如今地球上复杂的生态系统以及缤纷的生物多样性的建立，历时悠久，屡经磨难，来之不易，大致经历了四个主要阶段：

1. 生命起源；

2. 真核生物起源；

3. 寒武纪生命大爆发；

4. 人类起源及其智力演化。

生物多样性的迅速增长，无疑增加了对地球资源环境的相应需求，对其所施加的巨大压力也随之而来。在地球上众多奇妙的生物物种里，人类只是其中一个物种成员而已，由于我们演化出了发达的智力，在短短的数十万年间，我们对地球环境以及其他生物物种（包括现生和化石物种）所施加的影响，是不可估量的！否认这一点并非是在大自然面前表示谦逊，而是试图逃避自己的责任。

我们必须清醒地认识到人类肩负的重大责任，保护地球上缤纷的生物多样性，善待日渐脆弱的地球生态环境。这不仅关系到其他物种的未来，也关系到这颗星球的未来，更关系到我们自身的未来和福祉。

地球这一历经数十亿年建立起来的生态家园，是我们唯一的栖息地，也是我们最后的避难所，正如毛泽东所说："太平世界，环球同此凉热。"

安得倚天抽宝剑，
把汝裁为三截？
一截遗欧，
一截赠美，
一截还东国。
太平世界，
环球同此凉热。
——毛泽东
《念奴娇·昆仑》

瓮安生物群

地点：贵州省瓮安县

时代：新元古代埃迪卡拉纪

（6.1亿～5.6亿年前）

　　瓮安生物群是以底栖的多细胞藻类为主的化石生物群，距今约6亿年。瓮安生物群中的化石种类非常丰富，主要包括多细胞藻类化石、大型带刺疑源类化石，还有很多胚胎状化石。

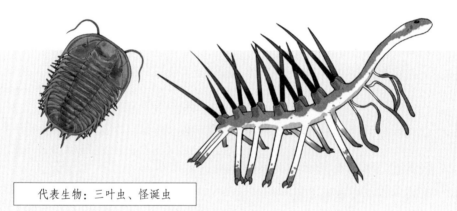

代表生物：三叶虫、怪诞虫

凯里生物群

地点：贵州省凯里市剑河县

时代：中寒武世早期

（约5.2亿年前）

　　贵州凯里生物群是"寒武纪生命大爆发"后形成的，与布尔吉斯生物群、澄江生物群构成世界三大页岩型生物群。凯里生物群保存了大量节肢动物、棘皮动物等化石，代表性物种之一是奇虾。

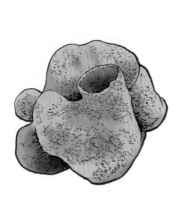
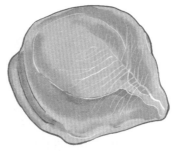

代表生物：贵州始杯海绵、贵州小春虫

澄江生物群

地点：云南省澄江市帽天山

时代：早寒武世

（约5.18亿年前）

澄江生物群是寒武纪早期生活在中国云南澄江、昆明一带的海洋动物化石群落，1984年首次发现于澄江帽天山，被国际科学界称为"20世纪最惊人的发现之一"，目前已发现20个门类、280余种物种化石。

代表生物：纳罗虫、奇虾

清江生物群

地点：湖北省宜昌市长阳地区

时代：寒武纪

（约5.18亿年前）

　　清江生物群形成于"寒武纪生命大爆发"的极盛时期，发现于湖北省宜昌市长阳一带，是以软躯体化石为主的特异埋藏生物群。清江生物群具有新属种比例高、软躯体生物类群多、化石保真度好等特征，生动再现了寒武纪时期海洋里生机盎然的生态场景。

代表生物：原始鳍龙类、海百合、海龙类、菊石类、鱼类

关岭生物群

地点：贵州省关岭县新铺乡

时代：晚三叠世

（约2.2亿年前）

　　关岭生物群处于三叠纪至早侏罗世海生爬行动物的过渡时期，是全球独一无二的晚三叠世海生爬行动物和海百合化石库。其种类丰富、化石保存完好，对研究三叠纪海洋生物复苏、古海洋环境均有重要意义。

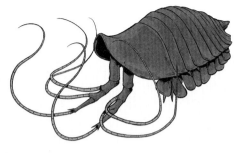

代表生物：林乔利虫、纳罗虫、水母、海葵

兴义生物群

地点：贵州省兴义市顶效镇绿荫山村

时代：中三叠世

（2.45亿～2.35亿年前）

兴义生物群形成于二叠纪生物大灭绝后慢慢复苏的时期，以鳍龙类为主，其中贵州龙最为常见，伴生有鱼类、节肢类、软体动物类。

代表生物：海生爬行动物、海百合、
鱼类、菊石类

热河生物群

地点：中国河北省北部、辽宁省西部和内蒙古自治区东南部

时代：白垩纪早期
（1.35亿～1.2亿年前）

　　热河生物群为人们准确揭示中生代晚期陆地生态系统的面貌及其演化实质打开了一扇窗。它不仅化石种类多，数量大，且保存精美，是世界著名的化石库，被誉为"20世纪全球最重要的古生物发现之一"。

代表生物：玄武蛙、临朐蟾蜍、山旺鸟、犀类

和政生物群

地点：甘肃省和政县、广河县、东乡族自治县、临夏回族自治州、康乐县

时代：新近纪至第四纪
（1500万～200万年前）

　　和政生物群化石数量巨大、种类丰富。和政生物群主要由4个新生代晚期的哺乳动物群组成：真马动物群、三趾马动物群、铲齿象动物群、巨犀动物群。

144

代表生物：狼鳍鱼、东方叶肢介、三尾拟蜉蝣、中华龙鸟、孔子鸟、辽宁古果

山旺生物群

地点：山东省临朐县一带
时代：早中新世至中中新世早期
（约1800万年前）

山旺生物群发现于1935年，包括藻类、苔藓植物、蕨类、昆虫、蜘蛛、腹足类、鱼、蛙、鸟、鹿、蝙蝠和鼠类等600余种。它化石保存完整，是重要的化石库，为研究生物进化、恢复古环境提供了极其珍贵的资料。

代表生物：铲齿象、和政羊、三趾马、巨鬣狗

亚里士多德

Aristotle

前384—前322

古希腊哲学家、科学家

王士禛

Wang Shizhen

1634—1711

中国清代诗人

乔纳森·斯威夫特

Jonathan Swift

1667—1745

英国作家

林奈

Carl Linnaeus

1707—1778

瑞典博物学家、分类学家

布封

Georges-Louis Leclerc,
Comte de Buffon

1707—1788

法国博物学家、作家

达尔文

Charles Robert Darwin

1809—1882

英国博物学家、生物学家

约瑟夫·道尔顿·胡克

Joseph Dalton Hooker

1817—1911

英国植物学家

华莱士

Alfred Russel Wallace

1823—1913

英国生物学家、博物学家

儒勒·凡尔纳

Jules Gabriel Verne

1828—1905

法国科幻小说家

沃尔科特

Charles Doolittle Walcott

1850—1927

美国古生物学家

大卫·爱登堡

David Attenborough

1926—

自然博物学家、探险家

爱德华·威尔逊

Edward Osborne Wilson

1929—2021

美国社会生物学家

保罗·科林沃克斯

Paul Colinvaux

1930—2016

美国生态学家、科考探险家

古尔德

Stephen Jay Gould

1941—2002

美国古生物学家、演化生物学家

菲利普·金格里奇

Philip D. Gingerich

1946—

美国古生物学家

侯先光

Hou Xianguang

1949—

中国古生物学家

比尔·布莱森

Bill Bryson

1951—

美国作家

尼尔·舒宾

Neil H.Shubin

1960—

美国进化生物学家

同学们，在本书中，我们提到了很多古生物学、生态学术语。让我们认识一些术语的英语叫法或学名，这样你以后阅读英语科普文章就更容易了！

生物多样性　biodiversity

生物学　biology

标本　specimen

生物多样性热点地区　diversity hotspots

昆虫　insect

物种　species

双名法　binominal nomenclature

属名　generic name

种加词　specific epithet

脊椎动物　vertebrate

无脊椎动物　invertebrate

微生物　microorganism

细菌　bacteria

分子生物学　Molecular Biology

动物　animal

植物　plant

两侧对称　bilateral symmetry

辐射对称　radial symmetry

雌性　female

雄性　male

有袋类动物　marsupial

有胎盘类　Placentalia

胎生　viviparity

卵生　oviparity

卵胎生　ovoviviparity

哺乳动物　mammal

有性生殖　sexual reproduction

无性生殖　asexual reproduction

变态　metamorphosis

两栖纲　Amphibia

两栖动物　amphibian

食物链　food chain

生物分类学 systematics

存在巨链 great chain of being

古生物学 paleontology

原核生物 prokaryotes

细胞 cell

细胞核 nucleus

埃迪卡拉生物群 Ediacaran Biota

节肢动物 arthropod

腔肠动物 coelenterate

棘皮动物 echinoderm

布尔吉斯生物群 Burgess Biota

澄江生物群 Chengjiang Biota

奇虾 Anomalocaris

怪诞虫 Hallucigenia

浮游生物 plankton

三叶虫 trilobite

脊索动物门 Chordata

西屯动物群 Xitun Biota

爬行动物 reptile

陆生生物 terrestrial organism

腕足动物 brachiopod

四足动物 quadruped

软体动物 mollusk

硬骨鱼 bony fish

似哺乳类爬行动物 mammal-like reptile

灵长类 primate

陆生植物 terrestrial plant

裸子植物 gymnosperm

被子植物 angiosperm

肉食性动物 carnivore

植食性动物 herbivore

单峰驼 Arabian camel

双峰驼 Bactrian camel

帝企鹅 Emperor penguin

王企鹅 King penguin

化石 fossil

活化石 living fossil

适应性辐射 adaptive radiation

生殖隔离 reproductive isolation

生物地理学 Biogeography

海洋生物 marine organism

生物群落 biome

演化 evolution

栖息地 habitat

小生境 niche

后 记

英国著名神经生物学家、外科医生、科普作家奥利弗·萨克斯（Oliver Sacks）在他临终前几个月给《纽约时报》写了一篇"自我讣闻"，题为《我的一生》。他在其中饱含深情地写道："最为重要的是，我能够成为这颗美丽星球上一个富有情感的生命体、一种勤于思考的动物，其本身便是莫大的荣幸以及充满冒险的旅程。"

我记得当年读到上面这段文字时，正值我中风后不久，心底曾激起了强烈的共鸣和莫名的感动，深知只有对地球上的生物多样性有着深刻理解和极度欣赏的人，才能具有如此博大的胸襟、谦卑的情怀和独到的感悟。同时，我也想到等我康复后，争取写一本有关生物多样性的科普著作。当写完你们手中的这本书之后，我又想起了奥利弗·萨克斯以及他的那篇文章，我愿将本书献给他，以纪念他在科学普及方面的巨大贡献，致敬他笔底生花的优美文笔。

人们对缤纷的生物多样性如同对浩瀚的宇宙无限性一样，通常是难以充分领悟的。因此，我试图用第一章专门帮助读者认识和理解地球上生物多样性的繁纷程度。接下来的第二章，我简要介绍了科学家们如何矢志不渝地对生物多样性进行系统的、科学的分类，以便更好、更便捷地研究它。

　　当今地球上的生物多样性业已令人眼花缭乱，但地球上的生命史长达30多亿年之久，曾经在地球上生存繁衍过的物种绝大多数或已灭绝，或是演化成了不同的物种，而现今地球上的生物物种总数，充其量仅代表生命史上生物物种总数的1%而已。唯有对历史（时间跨度）上的生物多样性有充分的了解，方能真正领悟地球上生物多样性缤纷多姿的全景。而对地球历史上生物多样性的探索，主要依仗古生物学家们的努力。研究现代生物多样性的生物学家们，其视角主要聚焦在不同的地理区系和自然环境中（空间上的生物多样性）。本书的第三章与

第四章，便分别讨论了这两个不同维度上的生物多样性。

由于生物演化的速率不同，一些演化速率极为缓慢的生物物种历经亿万年却变化甚微，至今还生活在地球上。这些被称为活化石的古代生物的"孑遗"，既是我们研究生物多样性演化的"活标本"，也是我们一窥远古生物多样性的窗口。此外，这使原本就十分奇妙的生物界显得更加奇妙。不需要古生物学家们的想象和"复原"，我们就能够看到一些远古生物的真实面貌，这是何等神奇和不可思议啊！

我衷心希望你们读完这本书之后，能够真正地发现和欣赏地球上的生物多样性之美，并为保护生物多样性贡献一份力量。

像往常一样，最后我想借此感谢一如既往地鼓励和支持我科普创作的家人以及"亲友团"的主要成员们：张弥曼院士、戎嘉余院士、周忠和院士、沈树忠院士、朱敏院士、彭善池、王原、高星、付巧妹、张德兴、徐星、郑晓廷、尹士银、蒋青、卢静、张劲硕、史军、严莹、吴飞翔、郝昕昕、陈楸帆、陈红、陈叶、宋旸、胡珉琦等；还有我的美国师友们：Jay Lillegraven, Hans-Peter Shultze, Jim Hopson, Jim Beach, Bob Timm, David Burnham 等。尤其感谢朱敏、王原、卢静（第 76~77 页，拟石科技制作）、曾晗（第 49 页上）、陆千乐（第 8 页）等提供部分图片。另外一些图片来自视觉中国、维基共享资源等。

　　显然，这套书的出版，远不是我一个人的能力所逮。我要特别感谢青岛出版社有关领导（张化新、连建军、魏晓曦等）对这一选题的亲自指导与大力支持，以宋华丽女士为首的编辑团队的辛勤劳动，以及营销团队的杰出贡献。

品牌介绍

　　知识无边界，学科划分不是为了割裂知识。中国自古有"多识于鸟兽草木之名""究天人之际，通古今之变"的通识理念，西方几百年来的科学发展历程也闪烁着通识的光芒。如今，通识正成为席卷全球的教育潮流。

　　"科学＋"是青岛出版社旗下的少儿科普品牌，由权威科学家精心创作，从前沿科学主题出发，打破学科界限，带领青少年在多学科融合中感受求知的乐趣。

　　苗德岁教授撰写的系列图书涉及地球、生命、人类进化、自然环境、生物多样性等主题，为"科学＋"品牌推出的首批作品。